Frank Schwartz

R.E.S. - Kleine Thermiksegler mit großer Leistung

Modelle, Bau- und Flugtechnik

R.E.S.
Kleine Thermiksegler mit großer Leistung

Modelle, Bau- und Flugtechnik

Frank Schwartz

Verlag für Technik und Handwerk neue Medien GmbH
Baden-Baden

vth-Fachbuch
Best.-Nr.: 310 2248

Lektorat: Monika Schwartz

Bibliografische Information der Deutschen Nationalbibliothek
Die Deutsche Nationalbibliothek verzeichnet diese Publikation in der Deutschen Nationalbibliografie; detaillierte bibliografische Daten sind im Internet über http://dnb.d-nb.de abrufbar.

ISBN 978-3-88180-463-9

Postfach 22 74, 76492 Baden-Baden

Printed in Germany
Druck: Griebsch & Rochol Druck GmbH, Hamm

Inhaltsverzeichnis

Einleitung
R.E.S. hat einen hohen Spaßfaktor

Modellflug ist Hobby, Freizeitbeschäftigung. Somit befinden wir uns in einem Bereich der Spaß macht – Spaß machen soll. Die Gründe und Motivation, sich mit einer Sache zu beschäftigen, definiert jeder für sich selbst und je nach Zeitpunkt der Entscheidung.

So begeistert den Einen gerade der Besitz einer Superorchidee, der Andere erfreut sich an den Flugleistungen eines Hochleistungs-Seglers. Wieder andere bauen mit hohem Aufwand Segelflugzeuge aus vergangenen Epochen nach. Faszinierende Themen gibt es viele. Meist entwickeln sich mit der größeren Erfahrung auch die Ansprüche an Modell und Ausrüstung.

Die Freude an der Beschäftigung mit einer Sache ergibt sich aber nicht automatisch aus Eigenschaften wie „teuer" und „aufwändig". Richtig Spaß können auch die kleinen Dinge machen: So zum Beispiel Segelflugmodelle mit geringen Spannweiten, guter Thermik-Leistung, am besten noch selbst gebaut, preiswert und einfach im Betrieb.

Modelle dieser Art gibt es schon seit Jahrzehnten, sowohl als Bauplan oder Bausatz, in

Der PURES hat mir gezeigt, dass R.E.S.-Modelle super Leistung in der Thermik haben … und Spaß machen.

jüngerer Zeit auch in Form von ARF Modellen. Interessant ist diese Sparte für eine wachsende Zahl von Modellfliegern geworden, seit es den so genannten R.E.S.-Wettbewerb gibt. Hier sollte ich schon einmal erklären, was die drei Buchstaben R.E.S. bedeuten. Sie werden in diesem Buch recht häufig vorkommen. Die Abkürzung R.E.S. kommt aus dem englischen Sprachraum und steht für rudder – elevator – spoiler. Es handelt sich hier also um Modelle, die lediglich über Seitenruder (rudder), Höhenruder (elevator) und Störklappe (spoiler) gesteuert werden. Die amerikanischen Modellflieger bezeichnen damit Modelle, die ausschließlich über diese drei Steuerfunktionen betrieben werden, gleichgültig welcher Spannweite. Im deutschen, bzw. europäischen Raum hat sich mittlerweile weitestgehend eingebürgert, dass Modelle mit R.E.S. bezeichnet werden, die in die gleichnamige Wettbewerbsklasse passen – aber nicht zwingend dort geflogen werden müssen!

Interessanterweise ist dieser R.E.S.-Wettbewerb aus der Türkei zu uns gekommen. Die Wettbewerbsregeln begrenzen die Modelle auf die drei genannten Steuerfunktionen, eine Spannweite von maximal 2 m und eine Bauweise, die weitestgehend aus Holz besteht.

Zum einen macht das Bauen dieser Modelle Laune. Dies ist mein Ergebnis des letzten Winters. Nachdem das erste Modell in erstaunlich kurzer Zeit fertig gebaut war, war meine Freude daran so groß, dass ich gleich im Anschluss weitere Modelle dieser Art auf mein Baubrett gelegt habe. Auch die Modellflug-Kollegen, die ich im Zuge der Vorbereitungen für dieses Buch für das Thema R.E.S.-Modelle motivieren konnte, waren begeistert, „endlich" einmal wieder ein Flugmodell in Holz aufzubauen.

Und letztlich macht es riesig Spaß, diese auf den ersten Blick „simplen" Segelflugmodelle zu fliegen. Simpel sind sie auf jeden Fall, was die Kosten betrifft. Die Bausätze sind durchweg zu Preisen zwischen 85 € und 140 € zu haben. Eingebaut werden je nach Konstruktion drei oder vier Servos. Gute Servos sind um etwa 20 € zu beziehen. Auch an den Fernsteuer-Sender werden keine allzu hohen Ansprüche gestellt.

Aber gar nicht simpel, da sollte man sich nicht täuschen lassen, sind die Modelle, was ihre Flugleistungen betrifft. Klar, aufgrund des geringen Gewichtes sind sie nicht die besten Streckenflieger. Jedoch sind sie ideal, um im näheren Umkreis auch kleinste thermische Ablösungen auszunutzen.

So ist es auch spannend zu beobachten, dass einige Wettbewerbs-Piloten, die seit Jahren hochwertige High-end-Modelle in aufwändiger GFK/CFK-Bauweise fliegen, sich – auch – mit den R.E.S.-Modellen beschäftigen. Weil es ihnen Spaß macht. Daran mag man auch erkennen, dass es sich hier nicht um eine Einsteiger-Klasse handelt. Andersherum betrachtet, kann man die Modelle jedoch zur Einsteiger-Schulung oder schon als fortgeschrittener Einsteiger erfolgreich einsetzen. Somit hat R.E.S. also auch etwas mit „keep it simple" zu tun, oder mit „back to the roots".

Wenn auch zahlreiche andere Modelle in diese Beschreibung hinein passen, so will ich mich in diesem Buch hauptsächlich auf Modelle konzentrieren, die für die Wettbewerbs-Klasse R.E.S. konstruiert wurden oder aufgrund ihrer Auslegung sehr gut hinein passen. Jedoch wird das meiste vom Inhalt des Buches auch auf alle anderen Modelle in dieser Größenordnung anzuwenden sein.

R.E.S. verbindet Jung und … Junggebliebene.

Alleine hätte ich es nicht geschafft. Zwölf Modelle bauen(!), einfliegen, bewerten und beschreiben erfordert mehr als einen Experten, sondern, wie zu sehen, einige solche Mitstreiter, die das Können und den Spaß daran haben – und für das Vergleichsfliegen parat stehen.

So gilt mein Dank

Friedrich Koch (Ares und Gastbeiträge)
meinen Vereinskollegen
Horst Fedter (GezoRES und Gespräche)
Willi Hodapp (Kamikaze)
Uwe Puchtinger (Baba Jaga)
Markus Jung (Callistic)
Michael Neutz (PicaRES)
Thomas Lux (Forester)
Gerd Spitzmesser (Amigo IV)
meinem Bruder Stefan (Friendlito)
und meiner Frau Monika (Libelle evo2)

Ich wünsche viel Spaß beim Lesen dieses Buches. Ich wünsche auch – und vor allem – viel Spaß beim Bauen und Fliegen der R.E.S.-Modelle.

Frank Schwartz

Foto: Ingrid Wallner

Eine spannende Erfahrung war für mich der Nurflügel up2you. Ihn werde ich sicher auch noch öfter fliegen … vor allem am Hang.

RESolution von Höllein

Baba-Jaga von Schuster

Kapitel 1
R.E.S. – Die Modelle

Ein Dutzend Modelle standen uns für die Erstellung dieses Buches zur Verfügung. Neun dieser Modelle sind in jüngerer Zeit speziell für den R.E.S.-Wettbewerb konstruiert. Drei weitere Modelle wurden hinzugenommen, da sie sehr gut in den Rahmen dieses Buches passen und stellvertretend zeigen, dass auch andere Konstruktionen mit sehr guten Leistungen durchaus beachtenswert sind.

Allen Modellen ist gemeinsam, dass sie – gemäß den R.E.S.-Regeln (siehe im Anhang dieses Buches) – eine Spannweite von 2 m nicht überschreiten und weitestgehend aus Holz aufgebaut sind. Alle Modelle sind ausschließlich als Bausatz erhältlich. Sicher gibt es am Markt passende ARF-, also fertig gebaute Modelle, jedoch derzeit keine spezielle R.E.S.-Konstruktion in Fertigbauweise. Dennoch erhebt die nachfol-

Los geht's: vorne Kamikaze von Atalar, Mitte Picares von modellbauchaos, hinten Callistic von Höllein.

gende Übersicht der Modelle keinen Anspruch auf Vollständigkeit. Es ist bei der steigenden Beliebtheit dieser Modell-Klasse auch stark davon auszugehen, dass in naher Zukunft weitere käuflich zu erwerbende Modelle dieser Art von immer mehr Anbietern am Markt erscheinen werden.

Interessant ist es, dass sich die Modelle teilweise doch sehr stark unterscheiden. Die meisten haben schlanke Flügel mit einer relativ hohen Streckung. Hier fällt aber schon der GezoRES mit seiner extrem tiefen Tragfläche deutlich aus dem Rahmen. Diese Auslegung bringt dann ein deutliches Mehrgewicht. Die Bandbreite der Gewichte der zwölf Modelle ist auch recht beachtlich und reicht von etwas über 400 g bis fast 900 g. Und nicht zuletzt ist auch die Nurflügel-Fraktion mit zwei Exemplaren vertreten.

Für den handwerklichen Aspekt, also den Modellaufbau, ergeben sich unterschiedliche Anforderungen an die Fertigkeiten des Modellbauers.

Die R.E.S.-Regeln schreiben vor, dass die Modelle lediglich über Seiten- und Höhenruder gesteuert werden dürfen. Eine Ausnahme besteht bei Nurflügel-Modellen. Dort dürfen ersatzweise zwei Klappen am Flügel die Funktion von Quer- und Höhenruder übernehmen. Wer mit dieser besonderen Bauform liebäugelt, sollte aber beachten, dass man gute Flugleistungen bei Nurflüglern nur erreicht, wenn man ganz besonders auf Leichtbau achtet. Ein 2-Meter-Modell sollte dann unter 500 g Abfluggewicht liegen.

Was macht – in Kürze dargestellt – ein gutes Modell dieser R.E.S-Klasse aus? Da ist zuerst einmal der Hochstart zu nennen. Ein gut eingestelltes Modell ist dazu allerdings die Voraussetzung. Das heißt die EWD muss in Kombination mit dem Schwerpunkt stimmen und der Hochstarthaken muss an der richtigen Stelle positioniert sein. Bei Windstille erreichen die Modelle, je nach Konstruktion und Gewicht, unterschiedliche Ausgangshöhen. Weht ein kräftiger Gegenwind, schaffen alle

Die Probanten warten auf ihren Einsatz.

die gleiche Höhe. Das zweite Kriterium ist die möglichst geringe Sinkleistung, was sich umgekehrt in guter Steigleistung in der Thermik bemerkbar macht. Leicht steigt! Diese Aussage hat zuerst einmal entscheidende Gültigkeit. Das dritte Kriterium ist die Gleitleistung, also die Fähigkeit, wie schnell das Modell von einem Aufwind zum nächsten kommt. Das ist bei Modellen dieser Art aber sehr relativ zu betrachten. Kleine Modelle mit geringem Gewicht kommen – relativ zu größeren, schwereren Modellen gesehen – nicht schnell voran. Und in Abwindbereichen sinken leichte Modelle erschreckend schnell. Ein weiteres, aber nur für den Wettbewerb wirklich entscheidendes Kriterium, ist die Wirkung der Brems-/ Störklappe(n). Einerseits sollte die Wirkung durch mehr oder weniger großen Ausschlag dosiert werden können und andererseits soll das Modell bei ausgefahrener Klappe nicht unruhig werden. Gerade letzteres ist Voraussetzung für eine angestrebte Ziellandung mit guter Punktzahl im Wettbewerb.

Die im Folgenden vorgestellten zwölf Modelle wurden von den jeweiligen Piloten gebaut (siehe Kapitel „Einleitung“). Bei mehreren gemeinsamen Vergleichsfliegen unter verschiedenen Wetter-Bedingungen – mit Modelltausch untereinander – wurden die Start- und Flugleistungen sowohl in der Ebene als auch am Hang ermittelt. Die bei den Modellen abgedruckten Beschreibungen stammen im Kern von den jeweiligen Erbauern und Piloten.

Übersicht

Nicht immer sind die Angaben der Hersteller alle richtig oder vollständig. Was wir ermittelt und gemessen haben, ist in dernTabellen am Ende dieses Kapitels zusammengefasst.

Der Vollständigkeit halber ist ebenfalls aufgeführt, womit wir die Modelle ausgerüstet haben. Aus diesen Einträgen geht unter anderem auch hervor, ob das jeweilige Modell eine oder zwei Störklappen hat. Die jeweiligen Bezugsquellen für die Modelle und spezielles Zubehör findet man im Anhang des Buches.

Letzte Anpassungen wurden auf dem Flugplatz vorgenommen.

RESolution

Der Himmlische Höllein, auch bekannt für seine Modellpalette, die durchgängig aus gefrästen oder gelaserten Holz-Baukästen besteht, ist selbstverständlich nicht am Thema vorbeigegangen. Mit dem RESolution hat er die Palette konsequent um ein R.E.S.-Modell ergänzt.

Dank gelasterter Bauteile, die alle sehr passgenau sind, geht der Bau des RESolution für einen einigermaßen geübten Modellbauer sehr flott von der Hand. Der Kastenrumpf ist sehr schnell aufzubauen. Die Brett-Leitwerke sind am Rumpf fest verklebt. Die zweiteiligen Tragflächen haben eine dreifache V-Form und Winglets. Sie werden auf einem CFK-Rohrholm aufgebaut. Das geht sehr schnell: Rippen auffädeln, über dem Bauplan ausrichten und mit Sekundenkleber anheften. Schon ist das Grundgerüst der Tragfläche fertig. Die Nasenleiste ist ein dünner CFK-Stab, die Endleiste ein dünnes, vorgefertigtes Sperrholz-Brettchen. Die bisher kürzeste bekannte Bauzeit bis zum flugfertigen Modell beträgt 16 Stunden. Auch weniger geübte Modellbauer werden mit einer ausführlichen, bebilderten Bauanleitung und mehrfarbig gedruckten Bauplänen sehr gut unterstützt.

Für die Bespannung kann jede Bügelfolie verwendet werden, wobei natürlich die leichteren Sorten wie Oralight und robbe-Folien in transparenter Form aus Gewichtsgründen zu bevorzugen sind. Die beiden Tragflächen-Hälften werden über Stahldrähte miteinander verbunden, die in der einen Flächenhälfte fest eingeklebt sind. Am Rumpf befestigt werden die Tragflächen mit vier Nylonschrauben. Das erfordert einen flotten Schraubenzieher, am besten mit Motor.

Das ursprünglich vom Hersteller angegebene Fluggewicht war viel zu hoch gegriffen und konnte beim Bau des Modells deutlich unterschritten werden. So gehört der RESolution zu den R.E.S.-Modellen der mittleren Gewichtsklasse.

Der RESolution überzeugt im Hochstart. Problemlos erreicht er am Gummiseil gute Ausgangshöhen für ausgedehnte Thermikflüge. Das Flugverhalten ist ausgewogen und frei von Überraschungen. Die Wirkung der beiden

Störklappen ist sehr gut. So können sie für die Steuerung des Landeanfluges und einen eventuell notwendigen Abstieg aus großen Höhen eingesetzt werden.

So ist der RESolution die Top-Empfehlung für ein Modell, welches einfach und schnell zu bauen ist, gute Flugleistungen und einen günstigen Preis hat.

Der Rohbau entsteht dank passgenauer Teile sehr schnell.

	RESolution
Konstruktion	für R.E.S.
Bezug	Der Himmlische Höllein
Daten lt. Hersteller	
Profil	S 7012
Spannweite	1.950 mm
Länge	1.120 mm
Fläche	38,5 dm^2
Fluggewicht	695 g
Flächenbelastung	18,1 g/dm^2

Für die Anlenkung der beiden Störklappen wird je ein Servo fest eingeklebt.

Libelle evo V2

Nicht für den R.E.S.-Wettbewerb konstruiert, dafür aber schon lange im Programm vom himmlischen Höllein, ist die Libelle. Aufgrund ihrer Größe und Bauweise passt sie aber sehr gut in die Kategorie dieser Modelle. Im Jahr 2014 ist die neue, überarbeitete Version mit der Bezeichnung Libelle evo V2 erschienen und wird hier vorgestellt.

Die Libelle hat eine Spannweite von 1.780 mm. Damit ist sie etwas handlicher als die Zwei-Meter-Modelle. Aufgebaut ist das Modell konventionell. Das heißt, der Rumpf ist ein Kastenrumpf, hauptsächlich aufgebaut aus Balsa-Brettchen und -Leisten. Er ist sehr schnell und leicht aufzubauen. Die Leitwerke sind Brettchen-Konstruktionen, die mit dem Rumpf fest verleimt werden.

Die Tragflächen sind in der klassischen Holz/Rippenbauweise erstellt. Verkastete Kiefernholme sind für die Stabilität in Tragflächen-Längsrichtung zuständig. Eine Beplankung sowohl auf der Ober- wie auch Unterseite von der Nasenleiste bis zum Holm sorgt für die nötige Verdrehsteifigkeit. Die Tragflächen haben insgesamt eine dreifache V-Form und Winglets.

Als Bespannung empfiehlt sich auch bei der Libelle eine leichte Bügelfolie. Die beiden Tragflächen-Hälften werden über Stahldrähte miteinander verbunden, die in der einen Flächenhälfte fest eingeklebt sind. Am Rumpf befestigt werden die Tragflächen mit vier Nylonschrauben. Das erfordert auch bei diesem Modell den besagten flotten Schraubenzieher, am besten mit Motor.

Vorgesehen ist der Einbau einer Dreh-Störklappe in jeder Tragflächenhälfte. Die Bremswirkung ist für die Dosierung des Landeanfluges und den Abstieg aus großen Höhen sehr gut. Optional könnte man – je nach Einsatzzweck des Modells – auf den Einbau der Störklappen verzichten. Das würde zwei Servos, etwas Gewicht und Aufwand sparen.

Im Hochstart ist die Libelle unkritisch, erreicht aber im Vergleich nicht ganz die Ausgangshöhe wie Zwei-Meter-Modelle. Das ist eben der geringeren Spannweite geschuldet. Fliegerisch stellt das Modell keine

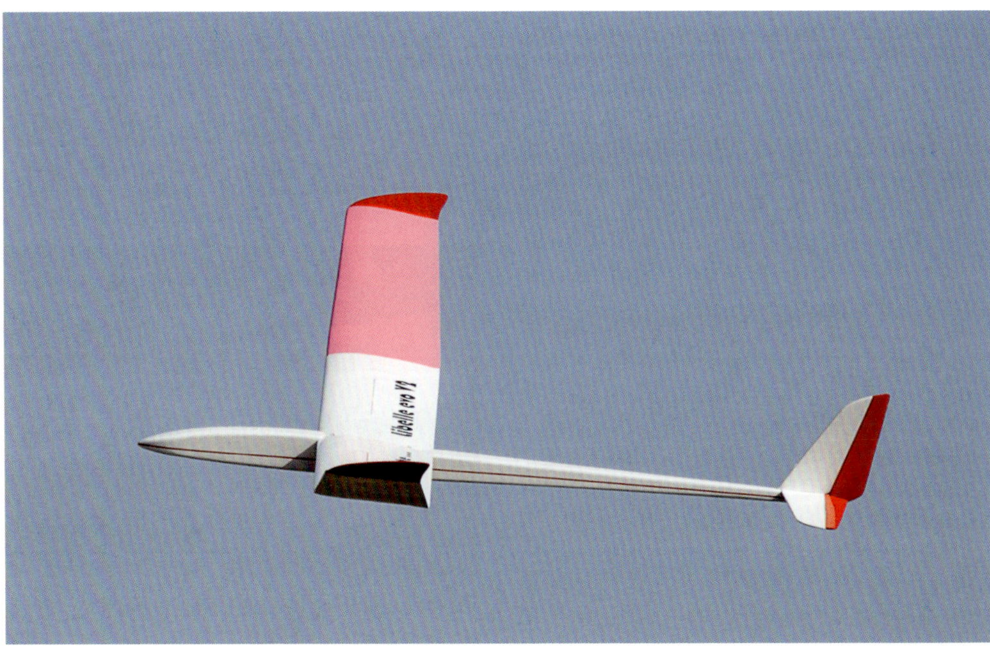

hohen Ansprüche an den Piloten. Insofern kann die Libelle auch dem Einsteiger oder leicht fortgeschrittenen Einsteiger wärmstens empfohlen werden.

Dank Gewichten und Winkel sind beim Aufbau der Rumpfseitenwände keine Stecknadeln erforderlich.

Die Tragflächen werden „konventionell" ganz in Holz aufgebaut.

Libelle evo V2	
Konstruktion	nicht für R.E.S.
Bezug	Der Himmlische Höllein
Daten lt. Hersteller	
Profil	AG 35
Spannweite	1.780 mm
Länge	1.100 mm
Fläche	30 dm^2
Fluggewicht	550 g
Flächenbelastung	18,3 g/dm^2

Callistic

Ebenfalls vom himmlischen Höllein, ebenfalls nicht für R.E.S. konstruiert und ebenfalls etwas kleiner in der Spannweite ist der Callistic. Dennoch passt dieses Modell sehr gut in die Reihe der R.E.S.-Modelle. Das Modell ist sehr leicht und hat – aufgrund der geringeren Spannweite überraschend – ausgezeichnete Hochstart- und Flugeigenschaften. Der Callistic ist fast so etwas wie ein Geheimtipp. Für den R.E.S.-Wettbewerb fehlen ihm lediglich die Störklappen. Doch diese sind einfach nachzurüsten, wie wir hier in diesem Buch noch zeigen werden.

Der Rumpf ist im vorderen Bereich eine reine Holzkonstruktion, wieder recht einfach in der Kastenform aufgebaut. Der Leitwerksträger ist ein CFK-Rohr. Das Leitwerk kann aus dem Baukasten heraus nach Wahl entweder als Kreuz- oder als V-Leitwerk aufgebaut werden. Das V-Leitwerk empfiehlt sich, wenn man des Öfteren in schlechterem Gelände landen muss oder möchte. Oder man möchte ca. 15 g Gewicht sparen. Ansonsten ist es reine Geschmackssache, für welche Form man sich entscheidet.

Die Tragflächen werden über einem CFK-Rohrholm aufgebaut. Hier zeigt sich der Zusammenbau an einer Stelle etwas knifflig. Die Sperrholzrippen im Wurzelbereich sind nicht gekennzeichnet und sie lassen sich nur unter Zuhilfenahme eines Messschiebers unterscheiden. Die Löcher für den Kohleholm sind einmal rund und einmal oval. Der Unterschied im Durchmesser beträgt ca. 0,15 mm. (Das ovale Loch ist notwendig, um die Wurzelrippe entsprechend der V-Form schräg zu stellen.) Als Nasenleiste ist ein dünner Buchenholz-Rundstab vorgesehen. Sinnvoll ist, diesen durch einen stabileren CFK-Stab mit 3 mm Durchmesser zu ersetzen. Die Art der Bauanleitung erfordert einen Modellbauer mit Erfahrung.

Eine Besonderheit gibt es noch: Da der innere Rohrholm, das Nasenrundholz und die Endleiste nicht abgelängt und auch länger als eigentlich notwendig sowie zusätzlich zwei Balsa-Ersatzrippen dabei sind, kann die Spannweite um 64 mm größer gebaut werden.

Das in der Bauanleitung angegebene Gewicht ist ohne leichte Folie und ohne Tausch der Steckungsstähle gegen Kohlestäbe nicht zu knacken.

Das Fliegen könnte nicht einfacher sein. Die Hochstarts und die Flugleistungen sind im Vergleichsfeld absolut konkurrenzfähig. Lediglich für die Landungen ist etwas mehr Platz vorzusehen, wenn keine Störklappen nachgerüstet sind.

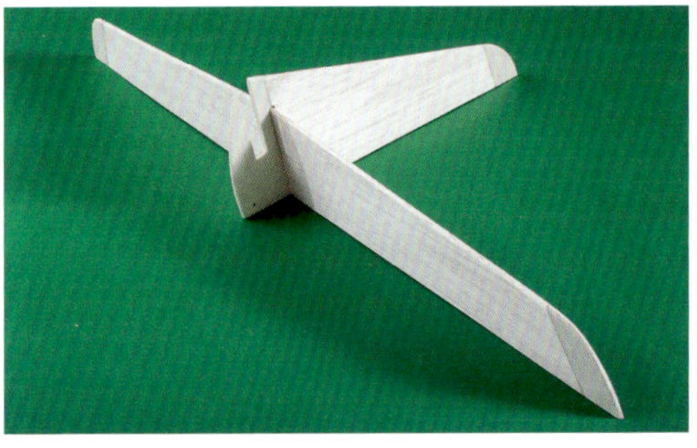

Der Baukasten ermöglicht den Bau des Modells mit Kreuz- (im Bild) oder V-Leitwerk.

Das Profil hat eine nach innen gewölbte Unterseite. Das ergibt ein geringeres Sinken und erfordert beim Bespannen etwas mehr Aufmerksamkeit.

	Callistic
Konstruktion	nicht für R.E.S.
Bezug	Der Himmlische Höllein
Daten lt. Hersteller	
Profil	S 4083 8 %
Spannweite	1.900 mm
Länge	1.120 mm
Fläche	29,5 dm^2
Fluggewicht	540 g
Flächenbelastung	18,3 g/dm^2

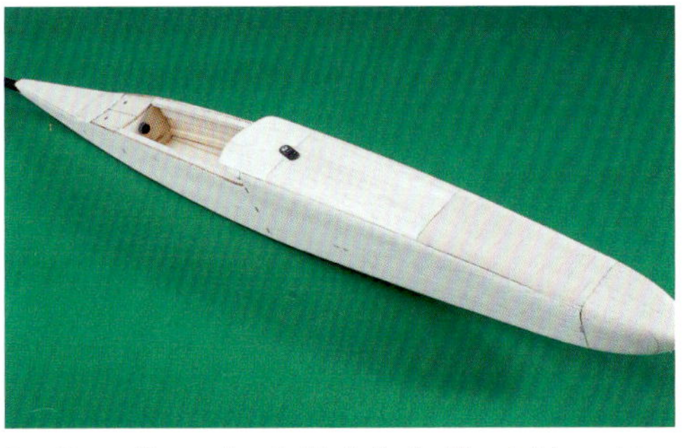

Das Rumpfboot des Callistic ist im Vergleich recht großvolumig.

PURES

Der PURES ist eine Konstruktion von Josef Gergetz und als ein konsequent reinrassiges R.E.S.-Wettbewerbsmodell ausgeführt. Das Modell ist – zwischenzeitlich – käuflich zu erwerben. Der PURES ist in zahlreichen Wettbewerben sehr erfolgreich. Uns diente der PURES, das kann hier unumwunden gesagt werden, als Referenz.

Der Rumpf des PURES ist eine Balsa-/Sperrholz-Konstruktion und in Kastenform ausgeführt. Er ist relativ klein, so dass zum Innenausbau manchmal mit „Chirurgenbesteck" gearbeitet werden muss. Der Leitwerksträger ist ein super leichtes CFK-Rohr. Das V-Leitwerk ist ein Brettchen-Leitwerk, in dem zur Gewichtsersparnis der Schriftzug PURES heraus gefräst ist.

Die Tragflächen sind dreiteilig aufgebaut. An ein gerades Mittelstück werden zwei Außenflügel über jeweils einen GFK-Stab angesteckt, wodurch sich insgesamt eine vierfache V-Form ergibt. Im Mittelstück sitzt zentral eine Dreh-Störklappe.

Referenz 1 ist das verwendete Material. Hier sind in erster Linie die handgewickelten CFK-Rohre für Leitwerksträger und, in abgestuften Größen, für den Rohrholm zu erwähnen. Sie punkten durch exakte Maße und vor allem aufgrund ihres extrem geringen Gewichtes. Dennoch haben die dünnwandigen Rohre eine enorme, sprich ausreichende Festigkeit. Das verwendete Holz ist ausgesucht leicht.

Referenz 2 ist die Ausführung. Alle Holzteile sind gefräst und von bester Qualität. Eine Nacharbeit ist meines Erachtens nicht notwendig. Der mehrfarbige Bauplan und die äußerst umfangreiche Bauanleitung sind vorbildlich.

Referenz 3 sind die Flugleistungen. Ein perfekter Hochstart mit besten Ausgangshöhen wird erreicht. Zur Optimierung kann der Hochstarthaken in weitem Bereich versetzt werden. Aufgrund des geringen Gewichtes von 436 g (das geringste Gewicht aller hier vorgestellten Modelle) hat der PURES ein sehr gutes Steigen in der Thermik. Das gewählte Profil sorgt trotz des geringen Gewichtes des Modells für eine relativ gute Gleitleistung.

Foto: Ingrid Wallner

Einmal die Thermik zentriert, bleibt das Modell lange selbständig im Kreisflug und muss nur wenig in der Flugbahn korrigiert werden. Die Ruder wirken sehr direkt. Man hat den PURES immer „am Knüppel". Die zentrale Störklappe wirkt gut. Das Modell wird mit gesetzter Stör-klappe nicht unruhig und bleibt gut steuerbar. So lässt sich der Gleitwinkel für eine perfekte Punktlandung gut dosieren.

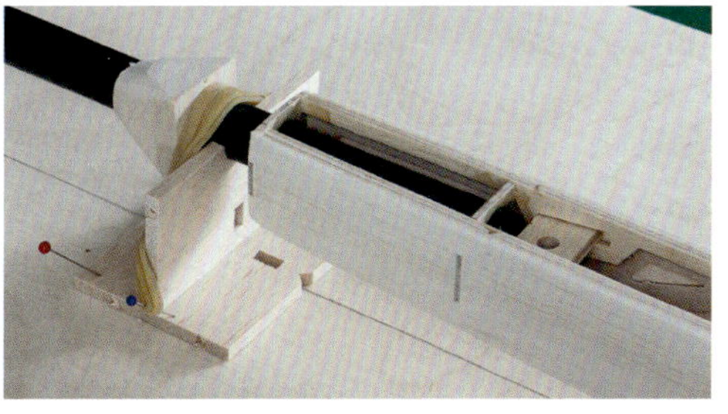

Mit Hilfe der gefrästen Stützen kann der Rumpf vor dem Verkleben exakt winkelig ausgerichtet werden.

	PURES
Konstruktion	für R.E.S.
Bezug	Josef Gergetz
Daten lt. Hersteller	
Profil	AG35-AG36 Strak
Spannweite	2.000 mm
Länge	1.180 mm
Fläche	36,5 dm^2
Fluggewicht	436 g
Flächenbelastung	11,9 g/dm^2

Die Rippen werden nach Plan ausgerichtet. Die beiden „Rechen" halten sie im richtigen Abstand und absolut senkrecht. Erst ausreichend beschweren, dann mit dem CFK-Holm verkleben.

GezoRES

600 g Abfluggewicht bei einer Flügelfläche von 43,5 dm², so verspricht Thomas Schikora, sollte beim GezoRES eine Flächenbelastung von unter 14 g/dm² ergeben und damit für ein R.E.S.-Modell gute Voraussetzungen mitbringen.

Der gelieferte Bausatz besteht aus einem Packen 3-mm-Pappelsperrholz sowie mehreren Brettchen Balsaholz, alle ausgefüllt mit ausgefrästen Einzelteilen. Ein Großteil des gelieferten Materials wird zum Bau von insgesamt acht Hellingen verwendet. Rumpf und Leitwerke werden auf einem ebenen Baubrett gebaut, wobei alle Teile durch Zapfen und Aussparungen passgenau positioniert werden können. Dadurch ist ein Bauplan nicht erforderlich. Der Aufbau der Tragflächenteile ist immer gleich: Die Rippen werden auf ein CFK-Rohr aufgefädelt und auf Füßchen an der Unterseite der Rippen in das Baugerüst eingesetzt und nach dem Ausrichten mit einem ebenfalls mitgelieferten Kamm mit dem Rohr verklebt. Die Nasenleiste besteht aus einem 3-mm-CFK-Stab, die Endleiste aus konisch angeschliffenen Balsabrettchen.

Der Bausatz ist sauber vorgefertigt, teilweise aus etwas schwerem Holz, dafür aber recht robust und bis auf die Bowdenzüge vollständig. Manche Details sind nicht erschöpfend erklärt und erfordern etwas Erfahrung beim Modellbau mit Holz. Zum Auswiegen des Modells sind gut 150 g Ballast (inkl. Akku) nötig.

Bei verhältnismäßig starkem Wind steigt das Modell am Gummiseil wie ein Drachen und das Übergewicht ist schnell vergessen. Auch am Hang macht das Modell einen guten Eindruck. Bei flotter Flugweise ist das Modell hinreichend agil. Auch die Landehilfe überraschte mit einer beeindruckenden Wirkung. Bei weiter auffrischendem Wind bekommt der GezoRES noch einen Ballaststab von 150 g, der gut in das CFK-Rohr des Flügelmittelteiles passt.

Bei Windstille zeigt sich beim Vergleich mit anderen R.E.S.-Modellen, dass der GezoRES mit den 150 - 200 g Mehrgewicht trotz des größeren Flügels bei den Starthöhen aus dem Gummiseil nicht mithalten kann.

Den GezoRES kann man entweder mit Kreuz- oder mit V-Leitwerk beziehen. Der V-Leitwerk-Rumpf ist kürzer, das Modell damit gut 100 g leichter.

Beim GezoRES mit V-Leitwerk ist der Rumpf deutlich niedriger und der Heckausleger auch ein gutes Stück kürzer, aber das Modell gut 100 g leichter. Das Leitwerk muss durch Einbau eines Balsakeiles unter die Leitwerksauflage ca. 1,5 mm am hinteren Ende höher gestellt werden. Die Flugleistung wurde durch die Gewichtsreduzierung spürbar besser. Die Steuerbarkeit und Wendigkeit besonders im Langsamflug gefallen auch deutlich mehr. Der GezoRES-V ist die bessere Wahl!

Foto: Horst Fedter

Nachdem die Tragfläche fertig aufgebaut ist, werden die Füße an den Rippen abgesägt und alles sorgfältig verschliffen.

	GezoRES	GezoRES V
Konstruktion	für R.E.S.	für R.E.S.
Bezug	Thomas Schikora	
Daten lt. Hersteller		
Profil	Selig/AG	Selig/AG
Spannweite	2.000 mm	2.000 mm
Länge	1.260 mm	1.260 mm
Fläche	43,5 dm^2	43,5 dm^2
Fluggewicht	600 g	k.A.
Flächenbelastung	13,8 g/dm^2	k.A.

Foto: Horst Fedter

Der filigrane Aufbau gibt optisch viel her und verlangt nach einer transparenten Bespannung.

PicaRES

Der PicaRES ist ein Modell in konventioneller Holzbauweise mit Kieferholmen und beplankter Torsionsnase. Im Bausatz ist alles enthalten, was man für das rohbaufertige Modell braucht. Man hat die Wahl, einen reinen Segler oder einen Elektrosegler zu bauen, ebenso kann man sich zwischen Kreuz- oder V-Leitwerk entscheiden.

Die Frästeile sind von sehr guter Qualität, scharfe Kanten, nichts „ausgefranzt" und passgenau. Die Auswahl des Holzes ist ebenfalls (fast) gut. Die ausführliche Bauanleitung liegt als CD bei. Dennoch wäre eine Skizze des Rumpfes von Vorteil, wie auch eine Schnittzeichnung der Tragfläche.

Der Bau geht zügig. Die Konstruktion ist sehr stabil und dennoch leicht. Pfiffig ist das stabile „Hakenbrett" mit mehreren Positionen für den Hochstarthaken und zusätzlicher Befestigungsmöglichkeit für Ballast. Die Tragfläche ist dreiteilig, ein gerades Mittelstück mit einer Bremsklappe und geknickte Außenflächen, welche über Sperrholzverbinder zusammengesteckt werden. Gehalten wird das Ganze durch Magnete, die mit Sicherheit genügend Kraft haben. Das Servo für die Bremsklappe sitzt im Mittelstück direkt unter der Klappe und drückt diese einfach nur mit dem Servoarm auf. Im geschlossenen Zustand wird die Klappe von einem Magneten gehalten. Das spart eine aufwendige Mechanik und funktioniert tadellos. Mit dem vom Hersteller empfohlenen Empfängerakku eneloop 4s 2.000 mAh waren lediglich noch 6 g Blei in der Nase notwendig.

Beim Hochstart am regelkonformen R.E.S.-Seil braucht der PicaRES Wind auf der Nase. Ohne Wind ist das R.E.S.-Seil etwas schwach. Das Geschwindigkeitsspektrum ist relativ klein. Das geringste Sinken ist wenig oberhalb des Strömungsabrisses. Der Strömungsabriss ist nicht spektakulär. Achtet man auf die richtige Fahrt, braucht man den Vergleich mit anderen nicht scheuen. Die Kreisflugstabilität ist überragend. Einmal die Thermik zentriert, sollte man den PicaRES nicht mehr beim Fliegen stören. Er kreist eigenstabil. Anders beim Geradeausflug. Da will er gesteuert werden.

Die Ruderwirksamkeit ist gut, der PicaRES ist wendig und direkt. Die Wirkung des Spoi-

lers ist top. Auch mit komplett ausgefahrener Bremsklappe ist die Ruderfolgsamkeit voll gegeben. Ein bisschen Höhenruder zum Spoiler beimischen, damit er die Fluglage beibehält und die Punktlandung beim Wettbewerb gelingt bestimmt.

Zwischenzeitlich ist zusätzlich der PicaRES EVO erhältlich. Er hat einen schlankeren Rumpf und ein abnehmbares, hochgesetztes Pendel-Höhenleitwerk. Vor allem aber, so verspricht der Hersteller, kann das Modell mit einem Abluggewicht von 460 g gebaut werden.

	PicaRES
Konstruktion	für R.E.S.
Bezug	modellbauchaos.de
Daten lt. Hersteller	
Profil	AG Strak
Spannweite	2.000 mm
Länge	1.060 mm
Fläche	k.A.
Fluggewicht	600 g
Flächenbelastung	k.A.

Die Tragflächen sind stabil, aber leicht aufgebaut.

Beim Bau des PicaRES kann man sich entweder für ein Kreuz- oder ein V-Leitwerk entscheiden. Beide Versionen liegen dem Bausatz bei.

Friendlito

Der Bausatz des Friendlito ist sauber gefräst und besteht aus Balsa-, Pappel- und GFK-Platten, ergänzt um einen Kleinteilebeutel und CD mit der Baudokumentation. Die Passgenauigkeit der Teile ist hervorragend, man kann den Rumpf trocken zusammenstecken und alles hält ohne Kleber. Nur ein (Standard-) Bowdenzug und Weißleim bzw. Sekundenkleber fehlen zum vollständigen Bauvergnügen. Die Verklebungen wurden mit wasserverdünntem Weißleim ausgeführt.

Ein Bauplan fehlt zwar, ist aber auch gar nicht nötig. Für die Hauptkomponenten Rumpf/Leitwerk, Flügel und RC-Einbau sowie optional Störklappen sind neben einer Anleitung mit allgemeinen Hinweisen fünf Dokumente im PDF-Format auf der beiliegenden CD. Der Text mit Bildern als Ergänzung reicht vollkommen. Absolut lobenswert und vorbildlich ist die durchdachte Konstruktion: Will ein Teil einfach nicht passen, dann hat man das falsche Teil erwischt – so hoch ist die Präzision der gefrästen Teile. Dies fand auch schon beim größeren Bruder, dem „Just Friendly", allgemein Beachtung. Bei einem einzigen Teil, dem Verschluss des hinteren Hauptspantes, fehlten die Löcher für den späteren Seitenruder-Seilzug. Aber selbst im eingebauten Zustand lassen sich die Löcher mit dem Lötkolben von außen noch ins Holz brennen. Keine große Affäre also.

Der Rumpf des Friendlito ist aus Pappel, der Flügel aus Balsa mit einem klassischen Kiefernholm. Das schlägt sich im Gewicht nieder, trotz überarbeiteter Version mit verlängerter Nase: 755 g sind für den Wettbewerbseinsatz deutlich zu viel. Die Flugleistungen sind o.k., das Modell ist absolut gutmütig und unkritisch. Das Seitenruder will aber vorausschauend bedient sein – die Wirksamkeit ist vielleicht auch wegen des Windfahneneffektes durch die verlängerte Rumpfnase vergleichsweise träge. Im krassen Gegensatz dazu wirken die Störklappen brachial. Mit voll ausgefahrenen Klappen ist ein senkrechter Abstieg auch aus

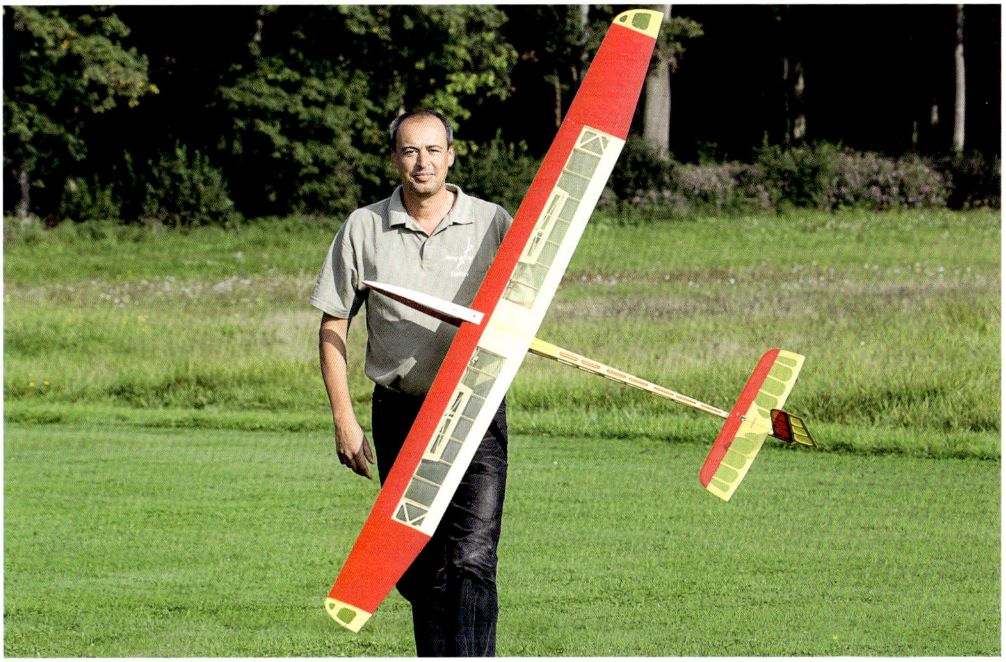

großer Höhe problemlos möglich, ohne die Festigkeit des Modells über die Grenzen zu belasten. Es ist übrigens dringend anzuraten, die vorgeschlagenen Servos für die Störklappen zu nehmen, die Kulisse ist exakt dafür ausgelegt – außer man fertigt hier neue Teile nach eigenen Vorgaben.

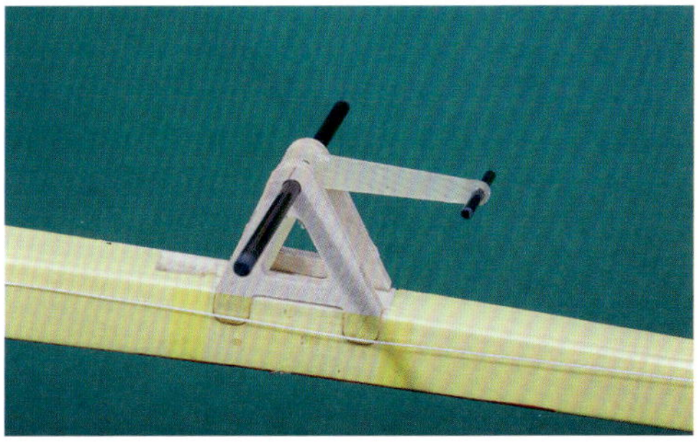

Das Pendel-Höhenleitwerk sitzt erhöht auf einer Wippe. Zur Montage werden die beiden Leitwerks-Hälften auf die zwei CFK-Stäbe gesteckt.

	Friendlito
Konstruktion	für R.E.S.
Bezug	Modellbauservice Schuster
Daten lt. Hersteller	
Profil	WS925-WS825-WS828
Spannweite	2.000 mm
Länge	k.A.
Fläche	k.A.
Fluggewicht	810 g
Flächenbelastung	k.A.

Sehr stabil, da aus einer GFK-Platte herausgefräst, sind die beiden Störklappen.

Baba-Jaga

Der Baba Jaga ist die leistungsoptimierte Weiterentwicklung des Allegro lite von Mark Drela, umgesetzt durch Jonas Illg und Ruben Bühler von der AKAModell Stuttgart. Das als Hochleistungsmodell beworbene Modell ist aber keinesfalls nur den Experten vorbehalten – auch im Thermikfliegen weniger geübte Piloten werden schnell mit dem Baba Jaga zurechtkommen, so unkompliziert zeigte es sich im Flugtest.

Die filigrane Konstruktion des Baba Jaga erfordert Sorgfalt und etwas Erfahrung beim Aufbau. Der geübte Modellbauer wird das aber problemlos bewältigen, zumal die 70-seitige Bauanleitung sehr detailliert den Aufbau beschreibt. Der Bauplan wird lediglich auf CD geliefert. Ein geteilter Ausdruck auf mehreren A4-Seiten ist in der Anleitung beschrieben und auch notwendig, da Flächen und Leitwerke auf diesem aufgebaut werden sollen. Dies gelang aber nicht zufriedenstellend – die Skalierung musste korrigiert werden. Dem verzugsfreien Aufbau muss beim Bau besondere Aufmerksamkeit gewidmet werden – insbesondere beim Verkleben der Beplankung und der Rumpfgurte beschreibt die Anleitung fehleranfällige Bautechniken, die nicht uneingeschränkt zu empfehlen sind.

Wird beim Finish leichte Folie verwendet, sind Gewichte um 490 g realisierbar, mit Ballastkammer immer noch unter 500 g. Das niedrige Gewicht ist neben dem verwendeten Profilstrak mit dem für Rippenbauweise optimierten Profilen AG 34, 35 und 37 und der nahezu elliptischen Auftriebsverteilung für die hervorragende Flugeigenschaften verantwortlich. Der Baba Jaga überzeugt insbesondere mit einem sehr geringen Sinken und dem sehr guten und einfachen Verhalten beim Thermikkreisen. Das Anzeigen und Annehmen von Thermik ist erstklassig. Der Hochstart gelingt ebenfalls problemlos, die erzielbaren Höhen sind sehr gut. Eine korrekte Höhenruderzumischung vorausgesetzt, sorgt die vergleichsweise große Bremsklappe für eine hervorragende Bremswirkung. So gelingen auch steile Abstiege risiko- und stressfrei und die ohnehin schon einfache und gut kalkulierbare Landeeinteilung wird nochmals

deutlich einfacher. Eine Ballastkammer ist konstruktiv bereits berücksichtigt und nicht nur für den Wettbewerbseinsatz zu empfehlen. Aufballastiert kann sich der Baba Jaga bei windigen Bedingungen besser durchsetzen und größere Strecken auf der Suche nach Thermik zurücklegen.

Etwas Erfahrung beim Bau von Holzmodellen vorausgesetzt, ist der Baba Jaga sehr empfehlenswert und belohnt den Bauwilligen mit hervorragenden Flugeigenschaften und -Leistungen

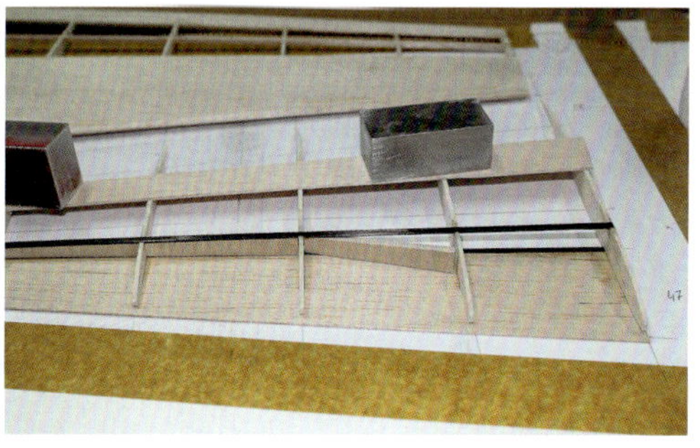

Der Holm besteht aus zwei CFK-Flachprofilen und dazwischen eine Verkastung aus Balsaholz.

	BABA-JAGA
Konstruktion	für R.E.S.
Bezug	Modellbauservice Schuster
Daten lt. Hersteller	
Profil	AG34-35-37
Spannweite	2.000 mm
Länge	k.A.
Fläche	k.A.
Fluggewicht	500 g
Flächenbelastung	k.A.

Das Höhenleitwerk sitzt auf einer Wippe und kann zum Transport abgeschraubt werden.

Kamikaze

Neben dem in Englisch beschrifteten Bauplan im DIN A0-Format gibt es keine Bauanleitung. Nummern sind auf fast allen Holzteilen eingeprägt, die im Bauplan wiederzufinden sind. So stellt der Bau des Modells den erfahrenen Modellbauer vor keine großen Probleme.

Die Bauteile sind exakt gelasert, so dass der Aufbau des Leitwerks und der vier Flächenteile rasch vonstatten geht. Die Flächen sind konventionell aufgebaut, mit Rippen und einem verkasteten Hauptholm. Die Oberseite ist von der Nasenleiste bis zum Hauptholm mit 1,5-mm-Balsa beplankt. Die aufwändigsten Arbeiten an den Flächen sind das Zuschleifen der Endleisten aus Rechteckleisten. Schade, dass keine fertigen Dreieckleisten beiliegen. Die inneren und äußeren Flächenteile werden mit Sperrholz-Verbindern zusammengebaut. Die Bremsklappen werden auf der Oberseite der Innenflächen platziert. Interessant ist die Lösung, wie die Bremsklappen von den Servos betätigt werden.

Wie die Flächensteckung aufgebaut und funktionieren soll, wurde erst nach längerem Grübeln klar. Die Steckung wird in Hybrid-Bauweise aufgebaut. Vier Sperrholz- und zwei Aluteile werden abwechselnd, schichtweise zusammengeklebt, so entsteht ein Vierkantstab, der auch den Knickwinkel der inneren Flächenteile vorgibt. In die Flügelinnenteile wird im Bereich des Hauptholmes ein „Vierkanttunnel" zur Aufnahme der Steckung eingebaut.

Der Rumpf ist als einfache Kastenform aus Holz konstruiert und stellt im Aufbau keine besonderen Anforderung. Die Balsaholzteile im Bausatz sind meist sehr weich und leicht. Anfängliche Bedenken, damit keine ausreichende Stabilität erreichen zu können, stellten sich als unbegründet heraus. Das ganze Modell wurde zweifarbig mit Oralight bespannt.

Das vorgegebene Fluggewicht konnte nicht gehalten werden, was aber hauptsächlich am notwendigen Trimmgewicht liegt, um den Schwerpunkt einzustellen. Der Schwerpunkt wurde ca. 5 mm weiter vorn, als im Plan vorgegeben, eingestellt.

Beim Gummiseil-Start zeigte sich, dass der Hochstarthaken zu weit hinten geplant ist. 15 mm nach vorn verlegt, gelingen stabile Hochstarts. Nach einigen Flügen hat sich eine weitere Änderung als notwendig erwiesen, damit die Tragfläche während des Hochstarts an der vorgesehenen Stelle bleibt: je eine Längsleiste auf der Unterseite beider Flächenhälften sorgt dafür, dass sie beim Auflegen der Tragfläche

genau in den Rumpfausschnitt passen. Für ruhigeres Fliegen schon bei mäßigem Wind könnte der Knickwinkel der Außenflügel von 15° auf ca. 10° zurückgenommen werden. Bei Windstille bzw. bei nur ganz leichtem Wind hingegen nimmt das Modell die Rudereingaben und die Thermik willig an. Die Bremsklappen zeigen eine gute Wirkung, so dass Abstiege und Punktlandungen nach wenig Übung gelingen.

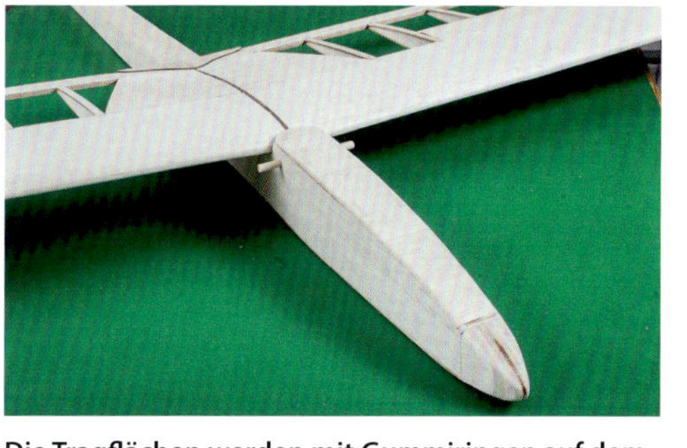

Die Tragflächen werden mit Gummiringen auf dem Rumpf befestigt.

	Kamikaze
Konstruktion	für R.E.S.
Bezug	Atalar Model
Daten lt. Hersteller	
Profil	EK05
Spannweite	1.996 mm
Länge	1.124 mm
Fläche	40,6 dm²
Fluggewicht	580 g
Flächenbelastung	14,3 g/dm²

Als Steckverbindung für die Tragflächen dient ein Vierkant, der aus mehreren Schichten aufgebaut ist.

Ares

Will man den ARES bauen, erhält man einen Karton mit vielen ordentlich gefrästen Holzplatten und etlichen Leisten, sowie eine zweiteilige Bauanleitung im Format A4. Die Kohle-Steckung ist vorhanden, jedoch sucht man Kleinteile, Kleber oder Bespannung vergeblich. Einen deutlichen Anteil am Baukasten haben die Frästeile für die Helling. Diese ist für beide Flächenhälften, sowie für Ober- und Unterseite, vorgesehen, daher kann sehr gut parallel gebaut werden.

Alle Rippen und Spanten sind vorerst noch mit Stegen in den Balsa- bzw. Sperrholzplatten eingebunden. Bevor diese gelöst werden, müssen sie unbedingt nach der Vorlage der Bauanleitung nummeriert und bezeichnet werden, denn nachher ist dies durch die vielfältige Geometrie fast nicht mehr möglich. Auch ist es nützlich, die Teile der Helling von Anfang an mit Links und Rechts zu bezeichnen, damit dann nicht versehentlich zwei gleiche Seiten gebaut werden.

Zuerst können laut Bauanleitung die Winglets gebaut werden, aber das geht auch durchaus später. Vom Vorschlag, als nächstes den Rumpf zu bauen, ist abzuraten, denn entscheidend sind die Flächen und an diese sollte dann der Rumpf angepasst werden. Wichtig ist auch, einen Hochstarthakenklotz vorzusehen und für Flüge bei mehr Wind, Zusatzballast im Schwerpunkt vorzubereiten. Der Ares wiegt unter 500 g und verträgt locker 200 g Blei, wenn es der Wind erforderlich macht.

Für leicht fortgeschrittene Piloten werden Start und Flug kein Problem sein. Trotz geringem Gewicht ist die Fluggeschwindigkeit über dem eines Normalmodelles. Am R.E.S.-Hochstartgummi geht das Modell stabil nach oben und klinkt problemlos aus. Anschließend lässt sich der Ares sehr gut kreisen, zu langsam sollte man nicht werden, denn sonst droht ein Strömungsabriss. Mit leichtem Andrücken kann auch gut Strecke gemacht werden. Zur Landung die Klappen ausfahren und leicht ziehen.

Wird am Hang geflogen, sind die Erfahrungen ähnlich. Bei wenig Wind hält er sich sehr gut, aber bei stärkerer Brise sollte Ballast zugeladen werden und dann kann man auch durchaus flott unterwegs sein. Wie auch bei Normalmodellen, aber besonders mit Nurflügeln, sollte vermieden werden, zu langsam zum Hang hin einzukreisen. Bei zu langsamer Fahrt reißt die Strömung ab und legt sich erst relativ spät wieder an. Streifenturbulatoren aus Kreppband im Querruderbereich haben diese Eigenschaft ziemlich entschärft.

Foto: Ingrid Wallner

Foto: Käthe Koch

	Ares
Konstruktion	für R.E.S.
Bezug	Laqua - Modelltechnik
Daten lt. Hersteller	
Profil	Strak SA703X auf AS116
Spannweite	2.000 mm
Länge	-
Fläche	37,2 dm²
Fluggewicht	700 g
Flächenbelastung	18,8 g/dm²

Foto: Friedrich Koch

Beim Bau des Ares ist auf verzugsfreie Tragflächen und möglichst geringes Gewicht zu achten.

up2you

Auf vier DIN-A0-Plänen sind die Einzelheiten der Bauabschnitte großzügig und übersichtlich dargestellt. Das Baumaterial macht einen guten Eindruck und lässt auch gleich erahnen, wie filigran das fertige Modell sein wird. Die meisten Bauteile passen, einige müssen allerdings auch nachgearbeitet werden. Zum Bau ist ein absolut ebenes Baubrett erforderlich, um die exakte Verwindung der Tragflächen zu erreichen – und viel Erfahrung. Beim Ausbrechen der gelaserten Flügelrippen ist größte Vorsicht angebracht, denn die beim Lasern verbliebenen Haltepunkte sind so unglücklich gewählt, dass die Hilfsfüßchen auf Grund der Holzmaserung oft abbrechen. Als Flächenverbinder dienen ein Kohlestab und zwei Stahlwellen mit einem Durchmesser von 6 mm. Die größte Herausforderung ist der Einbau der GfK-Drehhaken, um einmal die Flächen miteinander und jeweils die Winglets mit den Flächen zu arretieren. Eine geniale Idee, um das Aufrüsten auf dem Flugfeld sehr zu vereinfachen. Was bei den Winglets wunderbar funktioniert, war aber nach einigen Landungen bei der Verbindung der beiden Tragflächen-Hälften Geschichte geworden. Der Riegel war gebrochen. Jetzt werden die Flächenhälften mit Tesafilm gesichert. Für den Rumpfboden wird 1-mm-Balsa verwendet, das aber mit einer leichten Glasfasermatte verstärkt werden sollte, um den Belastungen bei der Landung standzuhalten und Empfänger und Akku zu schützen.

Nurflügel werden etwas schneller geflogen als Leitwerkler. Hält man sich daran, überrascht der up2you mit guten Flugeigenschaften. Er zieht sauber seine Bahn. Auf Steuerbefehle reagiert er sehr präzise und – wenn die Ausschläge nicht zu groß eingestellt sind – auch ohne Unarten. Hat man thermischen Aufwind gefunden, lässt sich der up2you erstaunlich eng kreisen. Dabei nimmt er natürlich eine mehr

Für den Hochstart wird die Leine V-förmig an zwei Hochstarthaken eingehängt.

Foto: Ingrid Wallner

oder weniger starke Schräglage ein. Lediglich die Ziellandung ist nicht so einfach. Schließlich fehlen die Störklappen, die bei dem relativ guten Gleitwinkel sehr hilfreich wären. Vom nachträglichen Einbau ist aber abzuraten: Das Modell würde unnötig schwerer.

Als „Leitwerk-Flieger“ muss man sich an das Flugbild erst etwas gewöhnen. Manchmal ist das Modell vor Hintergrund (Berge etc.) gar nicht gut zu erkennen. Aber Übung macht den Meister. Und dann macht es echt Laune, mit dem flotten Modellchen zu fliegen.

	up2you
Konstruktion	nicht für R.E.S.
Bezug	re-design Flugmodelle
Daten lt. Hersteller	
Profil	k.A.
Spannweite	1.800 mm
Länge	-
Fläche	33,3 dm^2
Fluggewicht	480 g
Flächenbelastung	14,4 g/dm^2

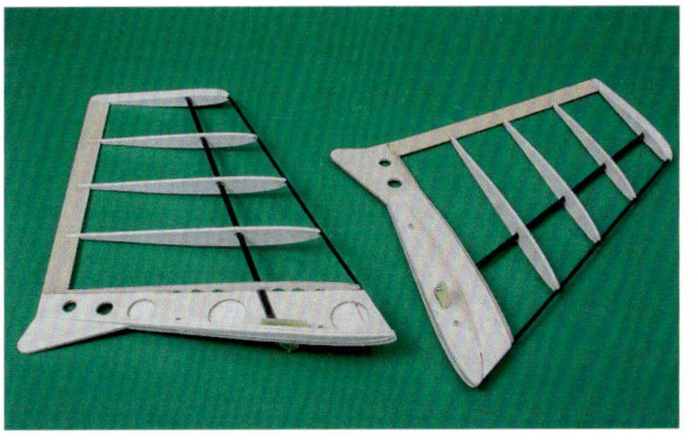

Die Winglets können dank der Klemmverbinder zum Transport des Modells abgenommen werden.

Im Wurzelbereich der Tragflächen werden Empfänger und Empfänger-Akku untergebracht, sowie ca. 30 g Ballast zum Einstellen des Schwerpunktes.

Forester

Der Forester ist quasi außer Konkurrenz dabei, da es sich um eine private Konstruktion handelt, die nicht im offiziellen Verkauf ist. Der Bau des Foresters geht einem normal geübten Modellbauer leicht und schnell von der Hand. Die gefrästen Einzelteile haben eine gute Qualität und bedürfen keiner oder nur einer sehr geringen Nacharbeit. Die Flächen können innerhalb eines Tages bügelfertig aufgebaut werden, wenn man hauptsächlich mit Sekundenkleber arbeitet.

Der Rumpf ist in Kastenform aufgebaut. Das Besondere dabei ist, dass er in zwei Lagen aufgebaut wird. Die Innere besteht aus 1 mm Sperrholz und die äußere Lage aus weichem 3-mm-Balsa. Die innere Lage nimmt die Kräfte auf und die äußere ist für die Form zuständig.

Die Belastungen im Holm werden durch einen Ober- und Untergurt aus CfK aufgenommen. Dies ist aus Sicht der Biegespannungen (maximaler Abstand von Ober- und Untergurt) optimal. Das Höhenruder ist abnehmbar und sitzt auf einem 3 cm hohen Pylon. Das Höhenruder ist dadurch weiter von den Turbulenzen der Tragfläche entfernt und wird vor harten Bodenberührungen geschützt. Die Servos sind kopfüber eingebaut und haben eine eigene Serviceklappe am Rumpfboden. Jede zweite Rippe hat den Nasenkonus mitgefräst. Somit muss die Nasenleiste gestückelt werden. Dies ist zwar etwas Mehrarbeit, aber dafür hat man einen sehr guten Indikator für das Schleifen der Nasenleiste. Endleiste und Rippen sind aus 1-mm-Sperrholz aufgebaut.

Der Forester benötigt aufgrund seiner hohen Streckung etwas mehr an Grundgeschwindigkeit. Dies wird jedoch nicht durch eine höhere Sinkgeschwindigkeit erkauft, sondern durch eine sehr gute Gleitleistung. Hierfür ist das AG 34 mit seinen gerade mal 8,3 % Dicke verantwortlich. Diese sehr geringe Dicke ist auch gut für die Penetration gegen den Wind. Trotz seines geringen Gewichts ist ein Zurückkommen aus dem Rückraum ohne großen Höhenverlust machbar. Das Höhenruder wirkt gut und direkt. Ein

Überziehen (Strömungsabriss) quittiert er mit Herunternehmen der Nase und Fahrtaufnahme.

Das Seitenruder wirkt im Kreisflug o.k. Aber bei schnellen Richtungswechseln und bei geringer Fahrt, z.B. im Landeanflug, ist die Wirkung nicht gut. Hier helfen Turbulatoren an der Flosse und bringen eine gewisse Verbesserung. Die Landeklappen wirken sehr gut. Es kommt zu keinem Aufbäumen. Thermik zeigt er durch Wackeln der Flächen sehr gut an. Die Hochstarthöhen bewegen sich im normalen Bereich.

	Forester
Konstruktion	für R.E.S.
Bezug	nein
Daten lt. Konstrukteur	
Profil	AG 34
Spannweite	1.930 mm
Länge	1.180 mm
Fläche	31 dm^2
Fluggewicht	525 g
Flächenbelastung	16,9 g/dm^2

Technische Daten der vorgestellten Modelle

	RESolution	Libelle evo V2	Callistic	PURES	GezoRES	Picares
Konstruktion	für R.E.S.			für R.E.S.	für R.E.S.	für R.E.S.
Bezug	Himmlische Höllein	Himmlische Höllein	Himmlische Höllein	Josef Gergetz	Thomas Schikora	modellbau-chaos.de
Preis*)	109,90 €	85,00 €	95,00 €	136,00 €	129,00 €	139,00 €
Modell						
Profil	S 7012	AG 35	S 4083 8%	AG35-AG36	Selig/AG	AG Strak
V-Form	3-fach	3-fach	3-fach	4-fach	3-fach	2-fach
Steckung	1x Mitte	1x Mitte	1x Mitte	2x	2x	2x
Leitwerk	Kreuz	Kreuz	Kreuz oder V	V	Kreuz	Kreuz oder V
HLW abnehmbar	nein	nein	nein	ja	ja	nein
Lieferumfang/Bauweise						
gefräst/gelasert	gelasert	gelasert	gelasert	gefräst	gefräst	gefräst
Kleinteile ja/nein	vollständig	vollständig	vollständig	vollständig	ja	vollständig
Bauplan	gerollt mehrfarbig	gerollt mehrfarbig	gerollt mehrfarbig	DIN A3 mehrfarbig	nicht notwendig –	gerollt s/w
Bauanleitung	ausführlich	ausführlich	ja	ausführlich	ausführlich	ausführlich (CD)
Holm Tragfläche	CFK-Rohr	Kastenholm Kiefer	CFK-Rohr	CFK-Rohr	CFK-Rohr	Kiefer-Leisten
Leitwerksträger	Holz	Holz	CFK-Rohr	CFK-Rohr	Holz	Holz
Daten gemessen						
Spannweite (mm)	1.980	1.780	1.910	2.000	1.970	1.950
Länge (mm)	1.120	1.120	1.170	1.180	1.290	987
Profiltiefe Wurzel (mm)	187	178	170	212	268	175
Profildicke Wurzel (mm)	17,5	16	13,5	19	29	16,6
Profildicke in %)	9%	9%	8%	9%	11%	9%
Fläche (ohne HLW) (dm^2)	34,8	29,8	29,9	36,5	42,9	30,1
Streckung	11,3	10,6	12,2	11	9	12,6
Rohbau-Gewicht (g)	359		318	283	505	332
dto. bespannt (g)	419		348	331	580	390
Fluggewicht (g)	590	484	520	436	752	537
Flächenbelastung (g/dm^2)	17	16,2	17,4	11,9	17,5	17,8

***) Stand September 2014**

	Friendlito	Baba-Jaga	Kamikaze	Ares Nurflügel	up2you Nurflügel	Forester
Konstruktion	für R.E.S.	für R.E.S.	für R.E.S.	für R.E.S.		für R.E.S.
Bezug	Modellbau-service Schuster	Modellbau-service Schuster	Atalar Model	Laqua Modell-technik	re-design Flugmodelle	kein Bezug
Preis*)	129,00 €	129,00 €	ca. 85,00 €	135,00 €	131,00 €	
Modell						
Profil	WS925-WS828	AG34-35-37	EK05	SA703X-AS116	k.A.	AG 34
V-Form	3-fach	2-fach	2-fach	keine	keine	5-fach
Steckung	2x	2x	1x Mitte	1x Mitte	1x Mitte	1x Mitte
Leitwerk	Kreuz	Kreuz	Kreuz	–	–	Kreuz
HLW abnehmbar	ja	ja	nein	–	–	ja
Lieferumfang/Bauweise						
gefräst/gelasert	gefräst	gefräst	gelasert	gefräst	gefräst	gefräst
Kleinteile ja/nein	(fast) vollst.	vollständig	vollständig	nein	ja	vollständig
Bauplan	nein -	auf CD -	gerollt einfarbig	DIN A4 mehrfarbig	gerollt s/w	DIN A3 Druck dreifarbig
Bauanleitung	ausführlich	ausführlich	nicht notw.	ausführlich	ausführlich	-
Holm Tragfläche	Kastenholm Kiefer	CFK-Leisten	Kastenholm Kiefer	Kastenholm Kiefer	CFK-Leisten	CFK-Leisten
Leitwerksträger	Holz	Holz	Holz	–	–	Holz
Daten gemessen						
Spannweite (mm)	1.980	1.992	1.993	1.995	1.800	1.930
Länge (mm)	1.355	1.102	1.144	-	-	1.185
Profiltiefe Wurzel (mm)	200	209	218	230	210	180
Profildicke Wurzel (mm)	19	17	19,5	19	27,5	15
Profildicke in %)	10%	8%	9%	8%	13%	8%
Fläche (ohne HLW) (dm^2)	34,9	34,7	40,7	36,6	33,3	31
Streckung	11,2	11,5	9,8	10,9	9,7	12
Rohbau-Gewicht (g)	462		527			300
dto. bespannt (g)	520	336	549			
Fluggewicht (g)	755	492	718	465	465	450
Flächenbelastung (g/dm^2)	21,6	14,2	17,6	12,7	14	14,5

***) Stand September 2014**

Ausrüstung der vorgestellten Modelle

	RESolution	Libelle evo V2	Callistic	PURES	GezoRES	Picares
Servo Seite	Grp C 261	GrpC 261	Grp C 261	ro FS 61 BB	ro S 3114	Rockamp DS-110
Servo Höhe	Grp C 261	Grp C 261	Grp C 261	ro FS 61 BB	ro S 3114	Rockamp DS-110
Servo Spoiler	Pichler S 708	MPX MS-9004	-	ro FS 31	ro FS 31	Rockamp DS-50
Servo Spoiler 2	Pichler S 708	MPX MS-9004	-	-	ro FS 31	-
Empfänger	ro R6106HF	ro R6106HF	ro R617FS	ro R6106HF	ro R7008SB	ro R6106HF
Empfängerakku	Orion LiFe 2s600 mAh	Eneloop 4s800 mAh	Eneloop 4s1950 mAh	Orion LiFe 2s600 mAh	Hyperion LiFe 2s850	Eneloop 4s2000 mAh
Schalter	ja	ja	-	ja	ja	-
sonstiges	LRP RX-Regulator	-	-	Emcotec Servo-V-Limiter	-	-
Sender	ro T14FG	ro FX-32	ro R617	ro T14FG	ro FX-32	ro FX30
Varianten erhältlich						
Elektro-Version	ja	ja	ja	nein	ja	im Lieferumfang
weitere Version(en)					mit V-Leitwerk, 100 g leichter	

	Friendlito	BABA-JAGA	Kamikaze	Ares	up2you	Forester
Servo Seite	ro S 3114	ro S 3114	ro S 3114	ro S 3114	ro S 3114	Eco Plus Pico 8
Servo Höhe	ro S 3114	ro S 3114	ro S 3114	ro S 3114	ro S 3114	Eco Plus Pico 8
Servo Spoiler	Grp DES 476	ro S 3114	ro FS 31	ro FS 31	-	Eco Plus Pico 8
Servo Spoiler 2	Grp DES 476	-	ro FS 31	ro FS 31	-	Eco Plus Pico 8
Empfänger	ro R7003SB	ro R6308SBT	Jeti R5	Jeti Duplex R7	ro R6106HF	Jeti 4RX
Empfängerakku	Hacker LiFe 2s600 mAh	ro Roxxy ZY 2s850 mAh	Eneloop 4s800 mAh	Eneloop 4s800 mAh	Eneloop 4s800 mAh	Eneloop 4s800 mAh
Schalter			nein	ja	ja	ja
sonstiges	LRP RX-Regulator	-	-	-	-	-
Sender	ro FX-32	ro FX-32	Grp MC-19s mit Jeti 2,4	Grp MC-22 mit Jeti 2,4	ro T14FG	Jeti DC16
Varianten erhältlich						
Elektro-Version	ja	nein	nein	nein	ja	ja

Grp = Graupner; ro = Robbe; Rock = Rockamp; MPX = Multiplex

Kapitel 2
Selbstbau – ein Plädoyer

von Fritz Koch

Warum Eigenkonstruktionen?

Weil wir als Modellsportler Individualisten sind und nach der optimalen Leistung streben.

Spätestens beim gemeinsamen Fliegen im Club oder mit Freunden haben wir den unmittelbaren Vergleich der Modelle und freuen uns nicht, wenn wir früher landen müssen oder die Landung nicht so gut gelingt wie bei den Kollegen. Nach der Landung, oder spätestens beim Bier, versuchen wir die Gründe herauszufinden, warum das so ist.

Erste Fragen nach dem Profil werden gestellt, vielleicht auch nach dem Gewicht und auch, wo man das Modell kaufen kann. Meist bekommt man dann eine Bezugsquelle, doch in einigen Fällen wird auch erklärt werden, dass es sich um eine Eigenkonstruktion handelt oder um eine Modifikation eines bekannten Modelles.

Foto: Ingrid Wallner

Es kann aber auch sein, dass wir eine völlig neue Idee verwirklichen wollen, ein neues Design entwerfen, das es noch nicht im Handel gibt. Bevor wir uns an die erste große Eigenkonstruktion wagen, sollten doch einige prinzipielle Überlegungen angestellt werden.

1. Was will ich erreichen?

Spannende Frage, aber es ist nicht ganz egal, ob ich einen Wettbewerb gewinnen möchte, oder gemütlich am Abend ein paar Runden drehen will. Möchte ich an den Klippen speeden oder brauche ich ein leichtes Thermikmodell.

2. Will ich mich ernsthaft mit der Materie beschäftigen?

Das hängt auch mit Punkt 1 zusammen, denn möchte ich ein gemütliches Feierabendmodell nach meinen Vorstellungen, nehme ich bewährte Abmessungen und Profile und es kann nicht viel schiefgehen. Soll aber die letzte Leistungsreserve genutzt werden, dann komme ich um die umfangreiche Beschäftigung mit Aerodynamik, Statik und Materialkunde nicht herum.

3. Für welchen Verwendungszweck oder Einsatz soll das Modell geeignet sein?

Im Modellflug gibt es inzwischen so viele Klassen, dass praktisch jede Nische gefüllt ist und das mit meist bemerkenswert guten Konstruktionen. Dennoch sollte im Vordergrund bleiben, welche Flugmöglichkeiten ich in meiner Umgebung habe.

Hier sollen nun einige Vorschläge zu einer erfolgreichen Eigenkonstruktion erklärt werden. Es ist wahrscheinlich günstig, wenn man sich nicht sofort an ein komplettes, großes Modell heranwagt. Ein guter Weg sich langsam an dieses Thema anzunähern, ist der über kleine Schritte.

Modifikationen von bewährten Modellen

Leitwerk

Ein erster Schritt kann mit der Veränderung von einzelnen Teilen eines bestehenden Modells oder eines Baukastens gemacht werden. Einfach geht es beim Leitwerk. Manchmal wird dieses bei der Landung beschädigt und muss neu aufgebaut werden, oder es ist viel Blei in der Nase notwendig und ein leichteres Leitwerk könnte Abhilfe schaffen. Was tun?

Zuerst den Umriss des Leitwerkes auf Papier übertragen. Ebenfalls wird die Rudergröße und die Befestigungsart am Rumpf dargestellt. Jetzt wird der Umriss ausgeschnitten und auf ein Balsabrettchen übertragen, je nach Modellgröße zwischen 3 - 4 mm stark. Die Nasenleiste wird verrundet und die Endleiste spitz zugeschliffen. So erhalten wir ein Brettleitwerk mit dem Profil „Ebene Platte“, eine einfache, aber sehr robuste und auch wirkungsvolle Lösung. Wenn jetzt das Ruder herausgetrennt wird und mit Klebeband oder kleinen Scharnieren angeschlagen wird, brauchen wir nur mehr ein Ruderhorn aus Sperrholz einsetzen, die Befestigungslösung des alten Leitwerks übernehmen und sind nach zwei Anstrichen mit Porenfüller schon wieder fertig.

Sollte die Original-Befestigung kompliziert sein, kann ein Sperrholzbrettchen in den Rumpf geklebt werden und mit einem Gegenstück das Leitwerk auf den Rumpf geschraubt werden. Leider ist das oft nicht möglich, so dass versucht werden muss, die Originalbefestigung nachzubauen oder eine Stecklösung mit Röhrchen zu verwenden.

Ganz ähnlich wird ein Seitenleitwerk angefertigt und dieses dann fix mit dem Rumpf verklebt. Soll das Leitwerk wirklich leicht werden, kann das Brettchen in Leisten aufgelöst werden und bespannt werden. Selbstverständlich könnten statt der Leisten in Flugrichtung auch profilierte Rippen verwendet werden und bei größeren Abmessungen wird auch schon mal ein Holm erforderlich sein.

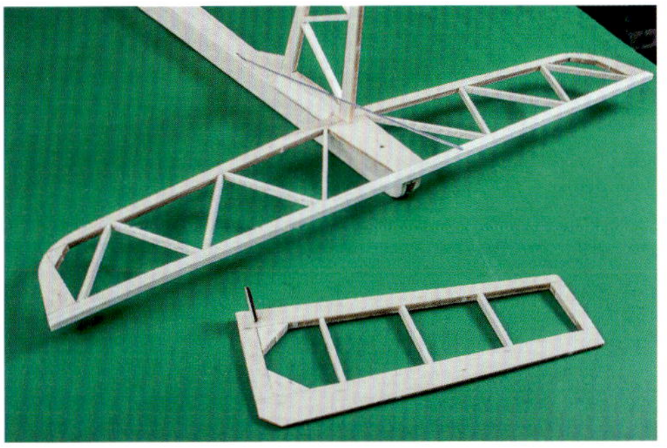

Der Kamikaze hat ein Leitwerk aus Leisten. Die Diagonal-Verstrebung ergibt Verwindungssteifigkeit.

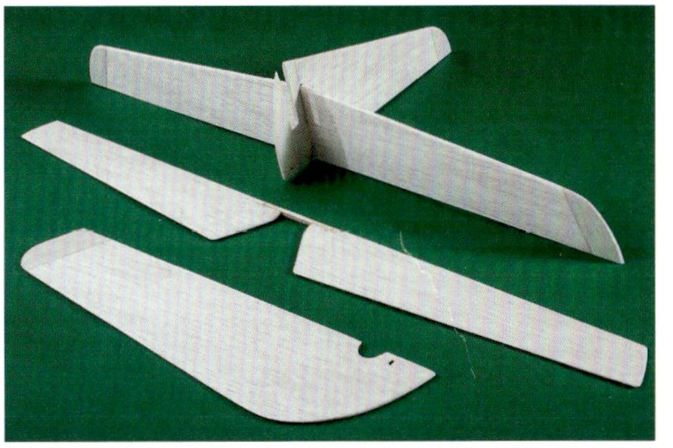

Der Callistic hat ein Brett-Leitwerk.

Rumpf

Viele der erfolgreichen „einfachen" Modelle haben aus gutem Grund einen Balsa-Kastenrumpf. Er ist nämlich unkompliziert zu bauen und kann trotzdem gut aussehen. Auch hier können wir uns von bekannten Modellen leiten lassen, vor allem was die Hebelarme betrifft. Als Hebelarm bezeichnet man – grob gesagt – den Abstand von Tragfläche zu Leitwerk. In gewissen Grenzen kann dieser variiert werden, denn die Größe des Leitwerkes, das Profil und der Hebelarm bestimmen das Stabilitätsmaß. Dieses kann bei „schnellen" Profilen etwas kleiner sein, allerdings sollte bedacht werden, dass bei der Landung langsam geflogen wird und es gerade hier zu keinen Unarten kommen sollte.

Der Rumpfquerschnitt eines Zweckmodelles ist meist durch die Größe und Anordnung

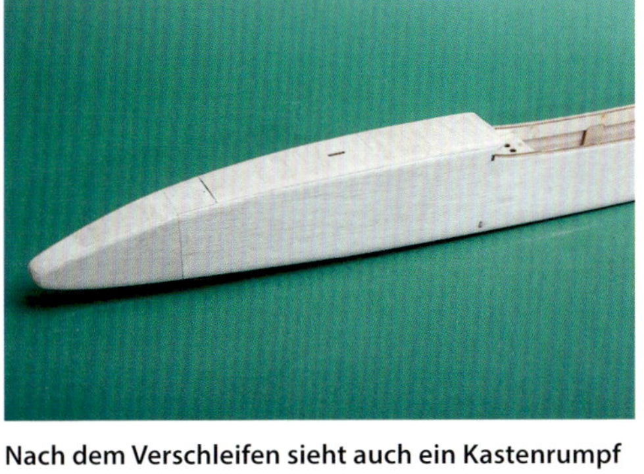

Nach dem Verschleifen sieht auch ein Kastenrumpf elegant aus.

der Empfangsanlage bestimmt und in der Zwischenzeit nicht mehr sehr groß. Wenn die RC-Komponenten auf Papier aufgelegt werden, kann dann meist schon ein Umriss gezeichnet werden, die erforderliche Breite ergibt sich ebenfalls aus diesen Komponenten.

Die Balsabretter für den Rumpfkasten können eine Dicke von 3 mm haben. Für kleinere Rümpfe genügt stumpfes Zusammenkleben, für größere sind Dreikantleisten in den Ecken sinnvoll. Soll der Rumpf elegant geformt sein, werden die Dreikantleisten größer gewählt, sodass sehr großzügig verrundet werden kann. Letztlich kann ein ovaler Querschnitt erreicht werden, der nach einer Bespannung mit Papier und anschließender Lackierung einem Kunststoffrumpf kaum nachsteht.

Es ist sinnvoll, bei Erstellung des Rumpfes, die Tragflächen- und Leitwerksbefestigung gleich mit einzubauen und ebenfalls Klötzchen für die Servobefestigung vorzusehen.

Tragflächen

Über den Bau von Tragflächen sind schon unzählige Artikel und Bücher geschrieben worden, deshalb sei auf diese weiterführende Literatur hingewiesen. Jedenfalls kann hier ähnlich wie beim Leitwerk vorgegangen werden, allerdings verlangt die erforderliche Festigkeit doch einiges an Überlegung bezüglich der Holme und Rippen.

Macht man es einfach, kann von bewährten Modellen, Baukästen oder Plänen, das Profil, die Holme, Nasen- und Endleisten übernommen werden und es kann kaum etwas schiefgehen. Zusätzlich können von Experimentierfreudigen noch Umrißformen, Klappengrößen oder Profilformen verändert werden.

Eine gute Möglichkeit für einfache Tragflächen bieten die Vollbalsaflächen mit Jedelsky-Profil, zum Beispiel die Flächen der Airfish- und Laserfish-Serie von Fa. Kirchert/Wien, die in einer vernünftigen Zeit fertigzustellen sind und auch einen guten Preis haben. Will man es aber genau wissen, dann kann wie bei der Aerodynamik, eine Vertiefung in die vorhandene Literatur nicht schaden.

Eigenkonstruktionen nach eigenen Ideen

Das Meisterstück einer echten Eigenkonstruktion ist aber dann gegeben, wenn nach der gedanklichen Vorstellung des zukünftigen Modells die aerodynamische und statische Auslegung mit den eigenen Konstruktionsideen gekoppelt und umgesetzt wird.

Letztlich ist unsere gesuchte Leistung definiert über das Verhältnis von Auftrieb zu Widerstand. Unseren Auftrieb beziehen wir in erster Linie über das Profil unserer Tragfläche. Der Widerstand ist unvermeidlich aber dennoch störend und sollte so nieder wie möglich gehalten werden. Das heißt in erster Linie Rümpfe mit kleinem Querschnitt und nicht zu schmale Tragflächen. Das deutet alles auf ein frei konstruiertes Modell hin und weniger auf manntragende Vorbilder, heißt aber nicht, dass ein solches Zweckmodell hässlich sein muss.

Soll es ein kleines Scale-Segelflugmodell sein, sollte nicht alles blindlings nachgebaut werden, denn einige dieser Modelle fliegen wirklich nicht gut. Hier stoßen wir bald an die Grenzen des sinnvoll Machbaren, denn ein Scale-Rumpf hat einen großen Querschnitt und bei Scale-Flächen ist die kleine Re-Zahl

Jedelsky-Tragfläche, hier vom Panda von Multiplex. Auf dem Bild liegt sie auf dem Rücken. Vorne ein profiliertes Balsabrett, hinten eine dünnes Balsabrett, beides in Form gehalten durch flache Dreiecks-Rippen.

Als Beispiel: Der Phönix IV

Für das R.E.S.-Hangfliegen in Großarl / Land Salzburg, wollte ich noch eine Eigenkonstruktion bauen, ein weiteres Modell meiner Phönix-Serie. Einige Eckdaten:

- Dreifachtrapez mit dreifacher Vorpfeilung
- Doppelte V-Form, Gesamt V-Form 2x 6,5°
- Die mittlere Flächentiefe 15,0 cm ergibt eine Streckung von gut 13
- und eine Gesamtfläche von 30 dm^2
- der Hebelarm mit 56 cm ergibt ein Stabilitätsmaß von 0,6
- Das Gesamtgewicht liegt bei etwa 500 g.

Die Zeit bis zum Wettbewerb war schon knapp, daher entschied ich mich für die relativ einfach zu bauende Jedelsky-Bauweise mit einem Vollbalsaflügel. Auch aus Zeitgründen verwendete ich Balsabrettchen als Leitwerk, einen Holzkasten für den Rumpfvorderteil und eine Angelrute für das Rumpfhinterteil. Möglichen Nachbauern rate ich allerdings von der gewählten Vorpfeilung ab, denn sie bringt zwar gute Flugeigenschaften, ist aber durch den erforderlichen Schränkungsverlauf und die Mehrfachtrapeze doch aufwändig zu bauen.

Die Seitenruderwirkung war mir etwas zu schwach und so bekam das Seitenruder noch einen Kartonaufsatz. Das Steigen ist sehr gut und liegt locker bei den Werten von „PURES“ und „RESolution“.

Noch hat der Phönix IV eine provisorische Vergrößerung des Seitenruders. Die Vorpfeilung sieht elegant aus, ist aber sehr aufwändig im Bau.

im Außenflügel meist ein Problem, wenn ein ungeeignetes Profil gewählt wird.

Für Interessierte gibt es im Internet in der Zwischenzeit eine Reihe von Programmen, einige davon als Freeware, mit denen Auftriebsverteilungen, Schwerpunktlagen, Stabilitätsmaße und Anderes gerechnet werden kann. Andererseits gibt es eine Menge Bücher, die mit einfachen Formeln, Diagrammen und Faustregeln auch zu einer erfolgreichen Eigenkonstruktion führen können.

Diese selbst gebauten Modelle schaffen eine große Freude am eigenen Werk und das anschließende Erlebnis eines guten Fluges steigert sich zum Hochgenuss.

Beispiele für Programme

FLZ Vortex von DI.T. Pfaff
www.flz-vortex.de

RANIS von Herbert Stammler
www.zanonia.de/ranis.php

Aerodesign von Hartmut Siegmann
www.aerodesign.de

Foto: Ingrid Wallner

Im Flug zeigt der Phönix IV seine Eleganz – und seine hervorragende Leistung.

Kapitel 3
Tipps zum Bauen der Modelle

Einer der besonderen Reize der Gattung R.E.S.-Modelle besteht darin, dass es sich fast ausnahmslos um Bausätze handelt. Allerdings sind die Bausätze gegenüber „früher" deutlich besser vorbereitet. Bis in die achtziger/neunziger Jahre des vorigen Jahrhunderts waren die Rippen und Spanten gestanzt. Das führte zu vielen Ungenauigkeiten in der Passung der Bauteile. In heutigen Bausätzen sind die Teile ausnahmslos CAD-konstruiert und auf der Computergesteuerten Fräse oder sogar mit dem Laser geschnitten. Das garantiert in allen Fällen eine gute, meist eine sehr gute, Passgenauigkeit der verschiedenen Bauteile zueinander. Oft ist es wie das Zusammenstecken von Lego-Bauklötzen. Manchmal aber auch etwas knifflig, was dann in der Regel auf die an der Stelle etwas lückenhafte Bauanleitung zurückzuführen ist.

Für den Bau der R.E.S.-Modelle sollte ein wenig handwerkliches Geschick oder Erfahrung im Bau von Modellen aus Holz-Bausätzen vorhanden sein. Andernfalls wird vielleicht erst das zweite Modell so richtig befriedigen. Aber es macht Spaß und begeistert, wenn so nach und nach Rumpf und Tragflächen durch eigene handwerkliche Leistung entstehen und man am Ende ein Modell in Händen hält, das durch eigene Tätigkeit entstanden ist. So gewinnt ein anfänglich sehr preiswertes Modell vielleicht am Ende für einen selbst einen höheren Wert, als manch ein teures Voll-GFK-Modell.

An Werkzeugen und Verbrauchsmaterial ist sehr wenig erforderlich. Vieles davon hat man schon zuhause oder kann es einfach und ohne große Kosten beschaffen. Jedoch rate ich hier, nicht zu sparen. Wirklich gute Ergebnisse erreicht man nur mit gutem Werkzeug und mit verlässlichen Verbrauchsmaterialien. Es nützt wenig und ist auch ärgerlich, wenn die Säge nach den ersten Zügen stumpf ist, das Messer das Balsaholz zerreißt anstatt zu schneiden, der Sekundenkleber nach Stunden noch nicht hart ist. Die Mehrkosten für gutes und verlässliches Material sind bei den geringen benötigten Mengen absolut erträglich.

Die im Folgenden aufgezählten Werkzeuge und Materialien sind für den Bau nicht jedes der Modelle in vollem Umfang nötig. Manche der aufgezählten Hilfsmittel sind auch nur zur Erleichterung des Baues notwendig, so dass deren Anschaffung unter Umständen nur dann Sinn macht, wenn man des Öfteren Holzmodelle bauen möchte.

„Leicht steigt!" Das sollte man sich beim Bau des Modells immer vor Augen halten. Man sollte sich darum bemühen, Gewicht zu sparen, indem an keiner Stelle zu „üppig" gearbeitet oder ausgerüstet wird. Natürlich nicht auf Kosten der Festigkeit. Aufballastieren kann man bei Bedarf immer. Jedoch bitte in Grenzen. Mehr als etwa 150 g sollten es bei den „Modellchen" nicht sein. In folgender Tabelle sind beispielhaft

Gewichte im Detail	RESolution	PURES
2 Servos im Rumpf	18 g	10 g
2 Servos in der Fläche	9 g	-
1 Servo in der Fläche	-	5 g
Empfänger	7 g	7 g
Limiter mit Schalter	10 g	-
Limiter	-	5 g
Schalter	-	7 g
Akku	46 g	46 g
Ausrüstung Gesamt	90 g	90 g
Folie	60 g	48 g
Trimmgewicht	77 g	18 g

Bauzeit	RESolution
Rumpf	3,0 h
Fläche innen	2,5 h
Fläche außen	2,0 h
Flächen Endarbeiten	0,5 h
Leitwerke	1,0 h
mit Folie bespannen	5,0 h
RC-Einbau, Einstellen, Auswiegen	2,0 h
Gesamt	16,0 h

ein paar Gewichte gelistet, die einen Anhalt für eigene Bauvorhaben geben sollen.

Die Bauzeiten für ein R.E.S.-Modell sind unterschiedlich. Der RESolution scheint mir von allen das Modell zu sein, das am schnellsten zu bauen ist. Inklusive Trocknungszeiten dauerte es ein Wochenende, von Freitagnachmittag bis Sonntag zur Tagesschau war der RESolution flugfertig. Für den PURES habe ich mehr als die doppelte Zeit benötigt.

Baubrett

Grundlage für den Aufbau eines Modells ist im wahrsten Sinne des Wortes das Baubrett. Wichtig ist, dass dieses absolut gerade und verzugsfrei ist. Wenn dann noch die Oberfläche so weich ist, dass man Stecknadeln ohne großen Kraftaufwand hinein drücken kann, ist die Bau-Grundlage perfekt. Für den Bau der R.E.S.-Modelle ist eine Brett-Länge von 1,20 - 1,30 m und eine Breite von 0,3 m vollkommen ausreichend. Sehr bewährt haben sich die Tischlerplatten, die es nahezu in jedem Baumarkt gibt. Dort kann man sie auch auf das

Der RESolution punktet – unter anderem – bei der Bauzeit.

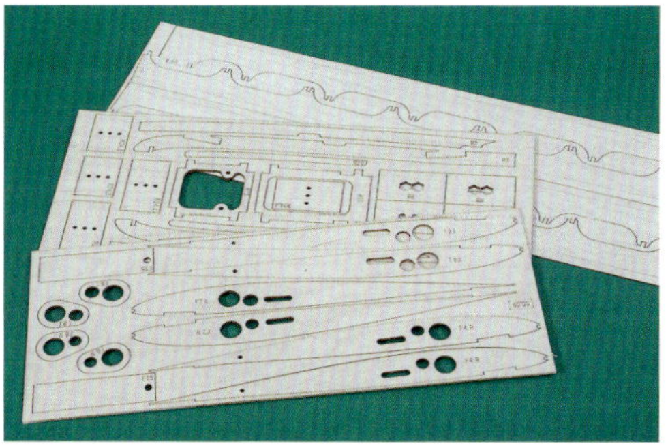

Die gefrästen oder gelaserten Bauteile sind über kleine Stege mit dem Trägerbrett (Balsa- oder Sperrholz) verbunden und müssen noch abgetrennt werden.

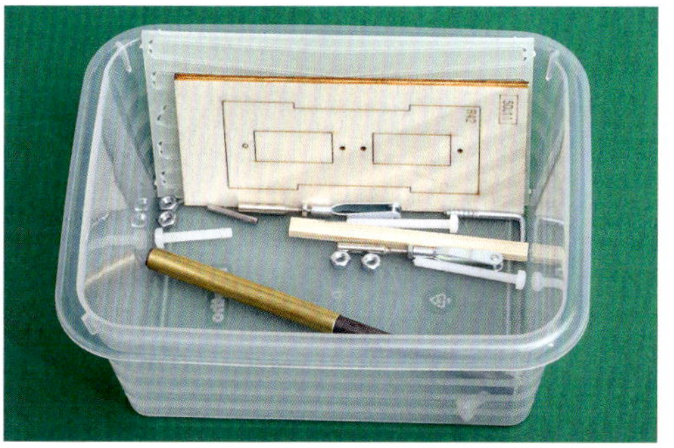

Alle Kleinteile eines Bausatzes lagere ich bis zur Verwendung in meinen „Projektschalen". So geht nichts verloren.

gewünschte Maß zuschneiden lassen. Wenn die Wahl zwischen verschiedenen Stärken besteht, sollte man zur dickeren (ab etwa 20 mm), weil verzugsfreieren, Platte tendieren.

Werkzeug

Zum Heraustrennen der Holzteile aus ihren Trägerplatten und für viele weitere Aufgaben ist ein scharfes Messer wichtig. Dies kann ein so genanntes Cutter-Messer aus dem Baumarkt oder besser noch ein Skalpell sein. Letzteres bezieht man im Versandhandel oder auf Modellbau-Messen.

Zum Verputzen der ausgetrennten Holzteile und für den Glattschliff sollte gutes Schleifpapier in verschiedenen Körnungen vorrätig sein. Am häufigsten zum Einsatz kommt eine Körnung um 240 sowie die 400er. Sehr häufig wird auch ein Schleifklotz benötigt, um über längere Strecken eine gleichmäßige Oberfläche, bzw. Konturverlauf (wie zum Beispiel eine Nasenleiste) herzustellen. Einen solchen Schleifklotz kann man sich mit einer kräftigen Holzleiste und entsprechendem Schleifpapier ganz einfach selbst herstellen. Oder man greift auf ein kommerziell angebotenes Produkt zurück.

Gibt man sich ganz viel Mühe, kann man beim PURES wahrscheinlich ein Gewicht unter 400 g erreichen.

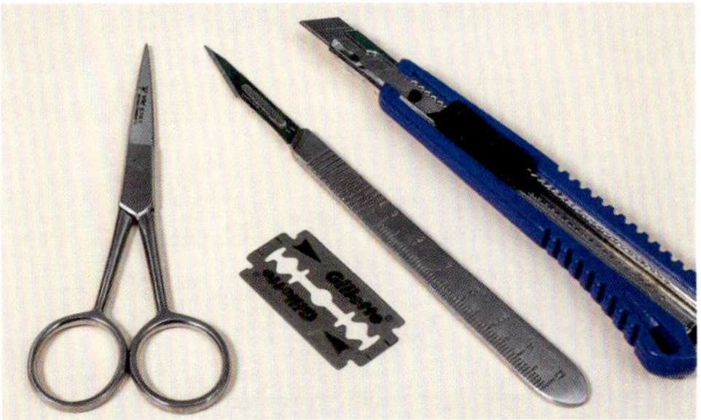

Schere, Rasierklinge, Skalpell und Cutter-Messer werden häufig gebraucht.

Qualitativ hochwertiges Schleifpapier setzt sich nicht so schnell zu.

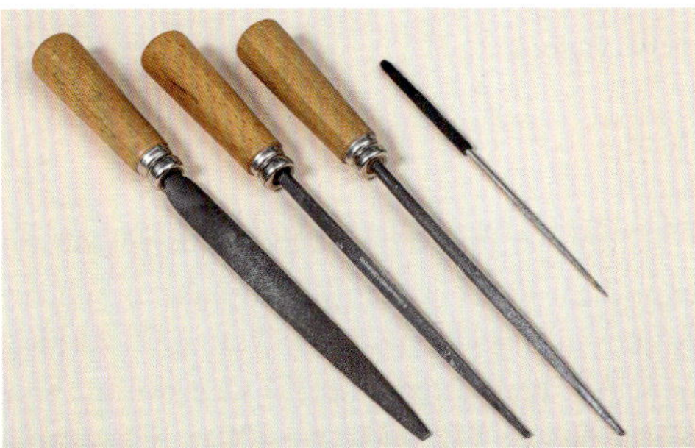

Schlüsselfeilen in verschiedenen Formen und Größen kann man immer gebrauchen.

Im Selbstbau empfiehlt sich, das Schleifpapier mit Kontaktkleber mit der Holzleiste zu verbinden.

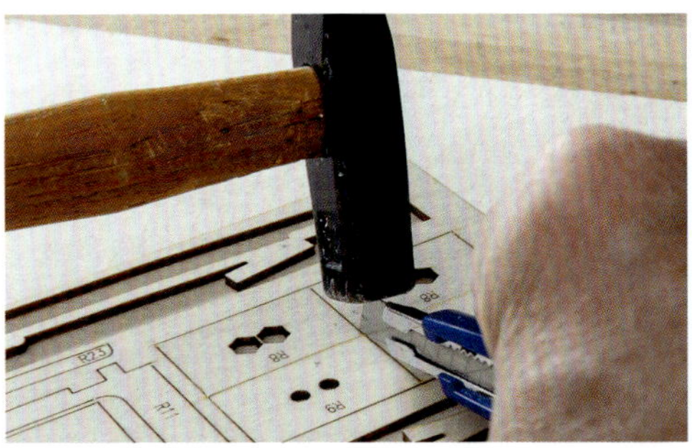

Zum exakten Austrennen von Frästeilen aus harten Sperrholzbrettchen braucht man manchmal „Superkräfte".

Schleifklötze von Festool (links) und robbe (rechts); besonders empfehlenswert sind die Produkte von Perma-Grit, zu beziehen bei EMC Vega.

Zum Fixieren sind Stecknadeln und Klammern beim Holzbau unerlässlich. Bei Stecknadeln sollte man unbedingt auf gute Qualität achten. Bei preiswerten Nadeln brechen bei Druck gerne die Köpfe, so dass man sich die Rückseite der Nadel in den Finger rammt. Eine bevorzugte Einkaufsquelle für Stecknadeln sind Geschäfte für den Nähbedarf. Als Holz-Wäscheklammern kommen nur solche infrage, die eine glatte Fläche bis nach vorne und keine abgerundete Kanten haben. Etwas teurer, aber vielseitiger in der Anwendung sind die kleinen Kunststoff-Klammern, aus dem Baumarkt. Weitere sinnvolle Werkzeuge zeigen die Bilder.

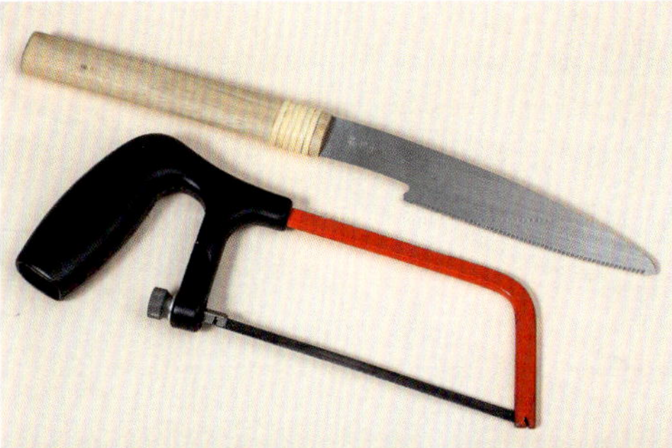

Eine kleine Eisensäge dient zum Kürzen von CFK-Profilen. Die Japansäge arbeitet auf Zug und ist ideal zum exakten Sägen von Holz (Bezug Diktum).

Kleine Hobel sind zum Beispiel geeignet, um Nasenleisten vorzuarbeiten. Den professionellen Hobel und den Instrumentenhobel gibt es bei Dictum, den Balsahobel (Mitte) im Modellbau-Versandhandel.

Unverzichtbar sind qualitativ gute(!) Stecknadeln …

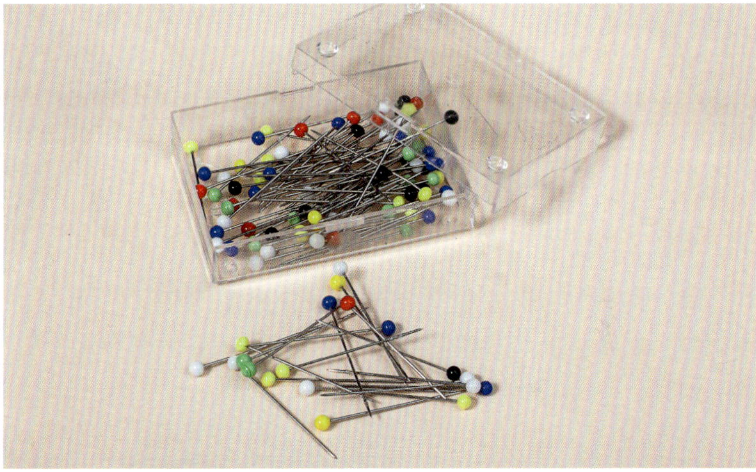

… zum Fixieren von Holzteilen, bis der Kleber getrocknet ist.

Festes Zusammenpressen ist besonders bei der Verwendung von Weißleim wichtig.

Größere Klemmen, bzw. Zwingen, halten den Rumpf beim Aushärten des Klebers in Form.

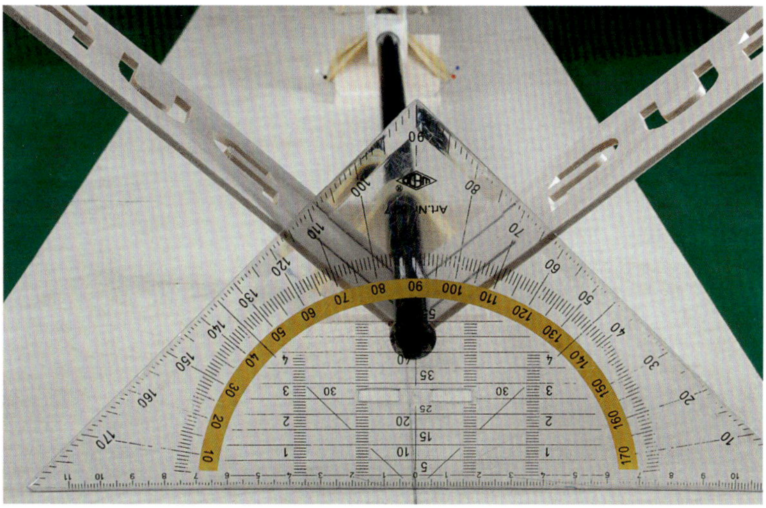

Das große Geodreieck sorgt für den perfekten Winkel.

Wo möglich, sollten Holz-Wäscheklammern oder solche aus Kunststoff eingesetzt werden.

Gewichte jeder Art und Form …

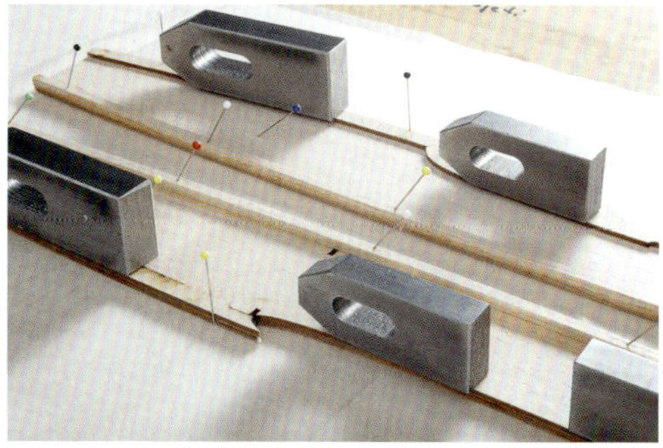

… verwendet man zum Beschweren beim Kleben.

Lange Stahlprofile, zusätzlich beschwert, drücken die Rippen der Tragfläche gleichmäßig auf das Baubrett. Gefräste „Rechen" halten die Rippen in exakt gleichem Abstand und absolut senkrecht.

Schablonen zum Ausrichten von schrägen Teilen (hier Wurzelrippe) liegen in der Regel als Frästeile allen Bausätzen bei.

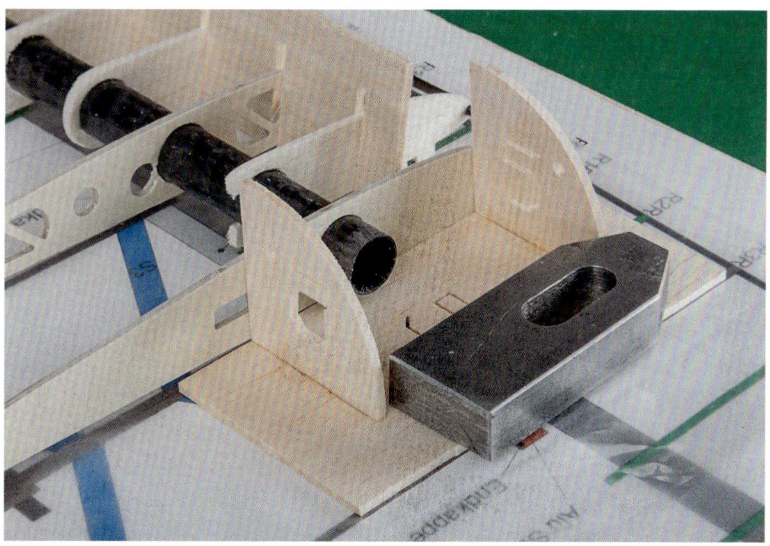

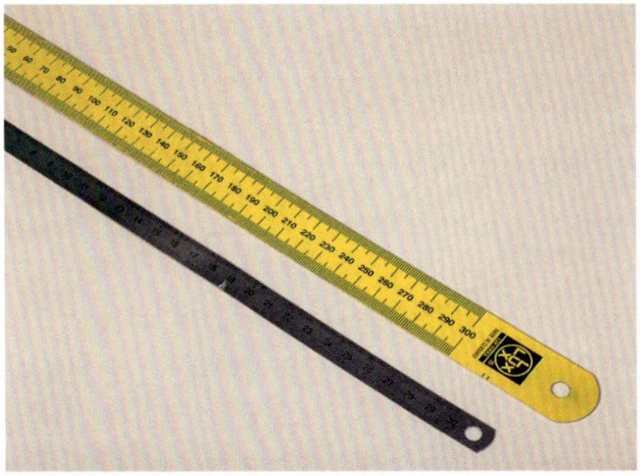

Stahllineale helfen beim Messen und beim Schneiden von Balsaholz als Anschlag für die Klinge.

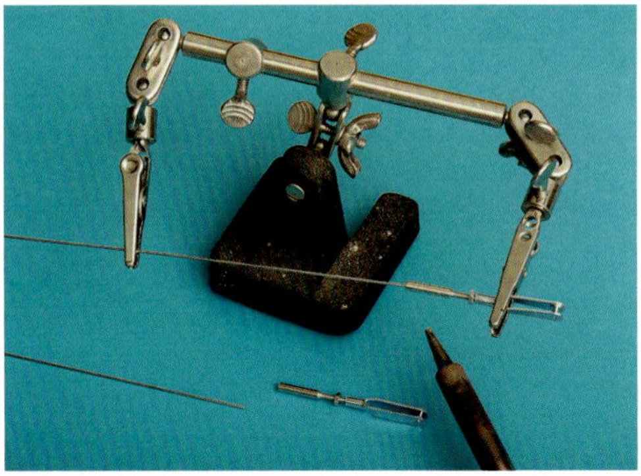

Falls einmal gelötet werden muss, hält eine sogenannte dritte Hand Stahldraht und Löthülse in Flucht.

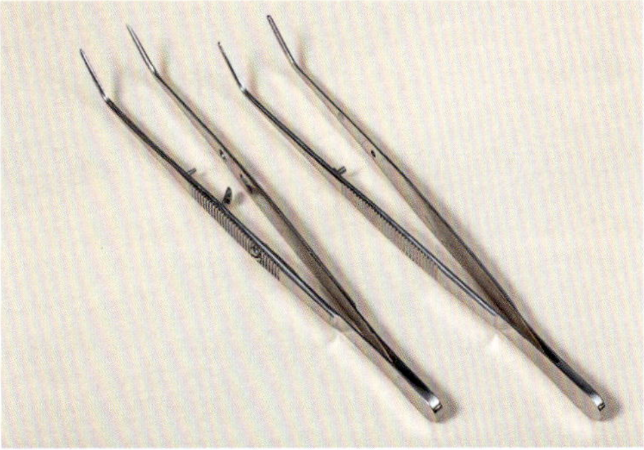

Spätestens beim Innenausbau, bei der Ausrüstung des Modells mit den RC-Komponenten, helfen Pinzetten beim Hantieren in den engen Rümpfen.

Eine Flachzange vervollständigt den Werkzeugpark.

Klebstoffe

Der richtige Klebstoff ist wichtig für eine dauerhafte, harte oder elastische Verbindung der jeweiligen Bauteile. Mit Klebstoff kann man aber, bei zu üppiger Anwendung, ein Modell deutlich und unnötig schwerer machen. Bedenkt man, dass zu viel Gewicht im Leitwerksbereich durch entsprechendes Gewicht in der Rumpfspitze ausgeglichen werden muss, so kann ein R.E.S.-Modell durch falschen Einsatz des Klebstoffes insgesamt durchaus deutlich über 50 g bis 100 g schwerer werden als es sollte. Also gilt es, bei jedem der verwendeten Klebstoffe immer so wenig wie möglich aufzutragen, aber selbstverständlich so viel wie nötig.

Im Grunde werden nur drei verschiedene Arten von Klebstoff benötigt. Die meisten Bauanleitungen geben Hinweise darauf, an welchen Stellen welcher Klebstoff zum Einsatz kommen soll. Befolgt man diese Hinweise, kann man nichts falsch machen. Der erfahrene Modellbauer hat natürlich seine eigenen Kenntnisse, die er einbringt.

Mit so genanntem Sekundenkleber verbindet man in der Regel Holzteile, wie Rippen, mit CFK-Holmen. Je nach Passgenauigkeit der Teile verwendet man dünn- oder dickflüssigen Sekundenkleber. Mit Aktivatorspray härtet er wirklich immer innerhalb von Sekunden aus. Je dünnflüssiger der Kleber ist, desto mehr Kleb-

Mit verdünntem Weißleim gelingen gute, elastische Verbindungen Holz/Holz. Viele Modellbauer verwenden auch gerne den bewährten UHU-Hart.

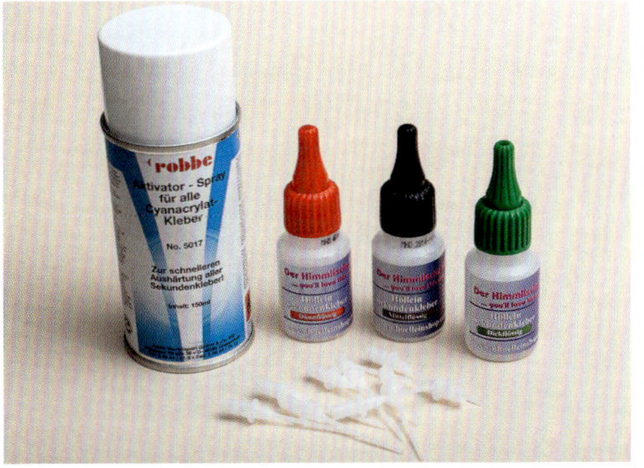

Sekundenkleber in drei Viskositäten und Aktivator-Spray. Mit den Kanülen (Bezug Höllein) kann man gut dosieren und punktgenau positionieren.

Ohne „Tesa"-Film geht gar nichts.

UHU-Endfest ist 5-Minuten-Epoxy vorzuziehen.

stoff dringt in das weiche Balsaholz ein. Insofern erfordert es etwas Übung, nicht zu viel Klebstoff auf die Verbindungsstelle zu bringen, um unnötiges Gewicht zu vermeiden. In der Regel werden die zu verbindenden Teile zuerst zusammengefügt und dann der Kleber aufgeträufelt. Der Sekundenkleber kann auch für Verbindungen Holz/Holz verwendet werden.

Für reine Holz/Holz-Verbindungen empfiehlt es sich allerdings, Weißleim zu verwenden. Dieser sollte mit etwas (10 - 20 %) destilliertem Wasser verdünnt werden. Die Teile werden (gemäß Bauanleitung) in Etappen zusammengesteckt. Mit einem feinen Borstenpinsel wird dann eben jener verdünnte Weißleim in die Ecken der Kontaktstellen gepinselt. Systematisches Vorgehen ist hier angebracht, man sieht nur sehr schwer, ob eine Stelle benetzt ist oder nicht. Der Hauptbestandteil der Klebung (Wasser) verdunstet und es ergibt sich somit eine leichte und elastischere Verbindung als mit Sekundenkleber. Bis zur Trocknung müssen die Teile sicher miteinander befestigt werden, am besten mit etwas Druck. Hier helfen Stecknadeln und Klammern.

Für ein paar wenige, hoch belastete Klebestellen, insbesondere für die Verklebung von Metallteilen, verwendet man Epoxidharz-Kleber. Und dann am besten solchen, der 24 Stunden zum Aushärten benötigt. Die Endfestigkeit

Je zwei kleine Rund-Magnete in beiden Endrippen mit 6 - 8 mm Durchmesser reichen aus, um die Außenflächen sicher am Flächen-Mittelteil zu halten, wie hier beim GezoRES.

Nachdem der kleine Verschluss-Riegel des PURES verloren war, wurden zwei Magnete eingesetzt. Zum Greifen der Klappe dient ein kurzer Wollfaden.

von 5-Minuten-Harzen ist deutlich geringer. Eine Packung UHU-Endfest reicht auch für mehrere R.E.S.-Modelle. Metallteile sind vor der Verklebung gründlich zu entfetten und am besten mit Schleifpapier oder Feile aufzurauen. Dann genügt auch sehr wenig Kleber für eine dauerhafte, feste Verbindung.

Optimierung mit Magneten

Einige Hersteller haben die Verwendung von Magneten bei ihren Modellen bereits vorgesehen. Soweit nicht vorgesehen, oder bei Eigenkonstruktionen, kann man Magnete während des Ausbaus oder sogar nachträglich einbauen. Sie dienen an mehreren Stellen der Vereinfachung. Bei Rumpfdeckeln ersetzen sie Riegel oder Tesafilm. Das Öffnen und Schließen geht einfach und viel schneller. Je häufiger man eine Klappe benutzen muss, desto interessanter ist diese Lösung – zum Beispiel, wenn der Ein/Aus-Schalter unter dem Rumpfdeckel sitzt. Flächenohren werden mit Magneten sicher am Flächenmittelteil gehalten. Das Aufrüsten des Modells am Flugplatz ist so vereinfacht. Die Störklappen können so gebaut werden, dass der Hebelarm des Servos die Klappe aufdrückt

Beim PicaRES ist herstellerseitig vorgesehen, dass die Störklappe im geschlossenen Zustand von Magneten gehalten wird.

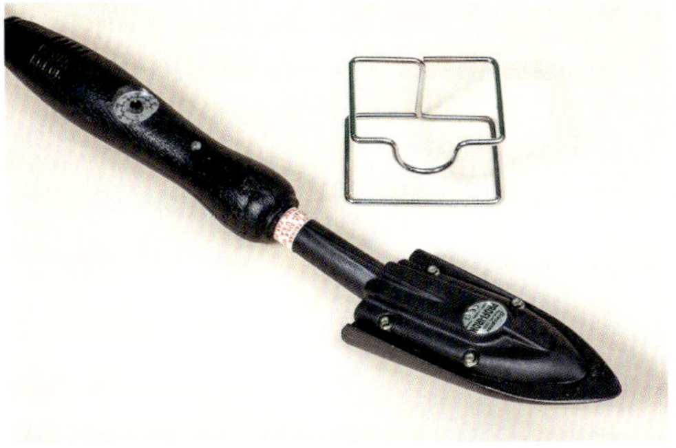

Ein gutes Folienbügeleisen gehört zur Grundausstattung.

und der Fahrtwind die Klappe zum Schließen zu drückt. Im geschlossenen Zustand hält ein Magnet die Störklappen sicher geschlossen. Eine Bezugsquelle für Magnete in vielen Formen und Größen ist im Anhang des Buches abgedruckt.

Oberfläche und Finish

R.E.S.-Modelle werden – nach meiner Beobachtung – ausschließlich mit Folie bespannt, zumindest die Tragflächen. Auch Rumpf und Brett-Leitwerke können mit Bügelfolie „gefinisht" werden, aber auch eine Oberflächenbehandlung mit Porenfüller und leichtem Lack ist möglich. Selbst vollständig unbehandelte Rümpfe habe ich schon gesehen. Diese sind sehr empfindlich gegenüber Kratzern, in ihrer Funktion aber nicht eingeschränkt.

Alle hier im Buch vorgestellten Bausätze waren in Bezug auf das verwendete Holz und die nötigen Kleinteile bis auf ganz, ganz wenige Ausnahmen vollständig. In allen Baukästen liegt aber das nötige Bespann-Material, die Bügelfolie, nicht bei. Für die leichten R.E.S.-Modelle empfiehlt sich selbstverständlich auch eine leichte Folie. Hier ist die Oralight von Oracover sicher die erste Wahl. Sie ist leicht und dennoch gut zu verarbeiten.

Fast genauso leicht und ebenso einfach zu verarbeiten ist die robbe-Folie Solarfilm. Leider

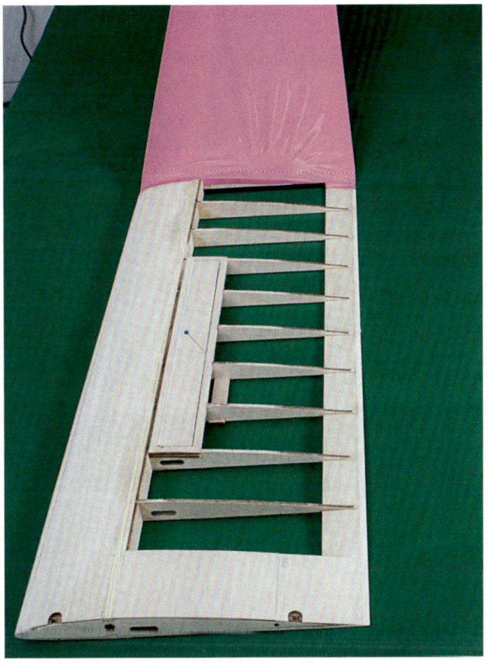

Sehr viel Erfahrung im Bügeln braucht es, eine Tragfläche über den Knick hinweg in einem Stück zu bebügeln.

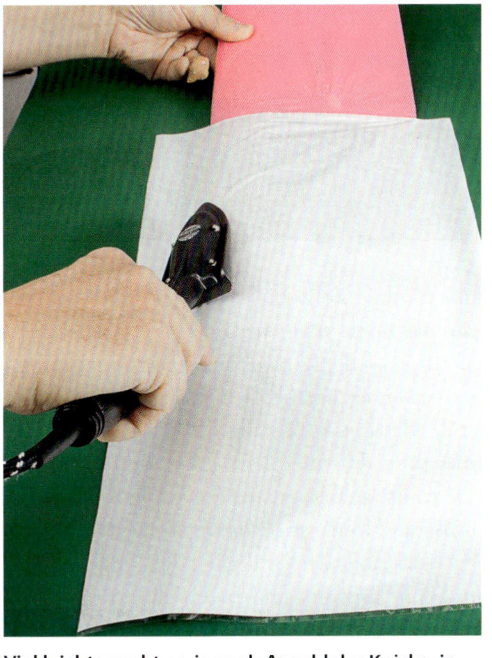

Viel leichter geht es, je nach Anzahl der Knicke, in vier oder sechs Etappen.

Eine angelegte Holzleiste und ein scharfes Skalpell sorgen für einen geraden Überstand zum Umbügeln.

Das mit der Leiste funktioniert auch am Rumpf, wo man später die Kanten noch besser sieht.

gibt es diese Folie nicht mehr in allen Farben und nur noch in 10-m-Rollen. Bei beiden Folien gilt, dass die transparenten Versionen nochmals etwas leichter als die mit deckenden Farben sind. Man muss sich allerdings im Klaren darüber sein, dass die Sichtbarkeit von Modellen mit transparent bespannten Rippenflächen in größeren Höhen nicht mehr so gut ist.

Jeder Rolle der Oralight-Folie liegt eine gute und sehr ausführliche Beschreibung über die Verarbeitung dieser Folie bei, so dass sich diese hier erübrigt. Die Bilder hier zeigen ein paar Tipps.

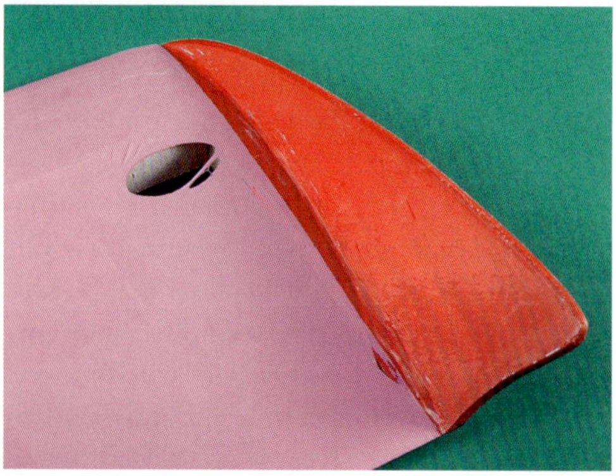

Upps, da war der Föhn zu heiß. Mit einem kleinen Flicken ist das schnell repariert.

Bei Rippenflächen bügele ich zuerst rundherum an (nicht auf den Rippen) …

… um sie anschließend mit dem Föhn zu straffen.

Überstände werden mit einer Rasierklinge bündig abgeschnitten und die Kante nochmals überbügelt.

Störklappe nachträglich eingebaut

Markus hat im Callistic Störklappen, angelenkt über einen Torsionsstab, nachträglich eingebaut. Wie er das gemacht hat, zeigen die folgenden Bilder. Das Servo bewegt im Rumpf im Bereich unter der Tragfläche einen Schieber aus CFK-Stäben. Über dessen Querstange greift eine Zunge aus der Tragfläche, die mit dem Torsionsstab verklebt ist. Ein kurzer Stahldraht am anderen Ende der Torsionsstange bewegt die Klappe.

Kapitel 4
Die elektronische Ausrüstung

„Ich bin zu arm, um mir billiges Material leisten zu können“ – ein alter, weiser Spruch.

Billig ist schlecht, preiswert ist o.k. Bei der Ausrüstung der R.E.S.-Modelle entstehen sowieso keine hohen Kosten. Insofern ist es hier leicht, auch für kleines Geld gute Qualität zu kaufen. Damit ich nicht falsch verstanden werde: Sicher kann man nicht zu 100 % teuer gleich gut setzen. Aber die Chance, mit Markenware, die nun mal ihren Preis hat, bessere Qualität einzukaufen, ist deutlich größer, als dies bei billigen Produkten gegeben ist.

Ein R.E.S.-Modell kann man mit drei Servos, Empfänger und Akku mit low-price-Produkten schon mit Kosten von 50 bis 60 € (unverbindlicher Verkaufspreis, UVP) ausrüsten. Greift man zu guter Markenware, legt man für die gleichen Komponenten knapp das Doppelte auf den Tresen. Dann macht man sicher nichts falsch.

Sender

An den Sender werden keine anspruchsvollen Voraussetzungen gestellt, zumindest was die Kanalzahl und die Funktionen der Software betrifft. Ob Pult- oder Handsender, das gibt die persönliche Gewohnheit vor. Handsender sind im Handling einfacher und auch Pultsender-Piloten kommen unter Umständen bei diesen langsamen und einfach zu steuernden Modellen mit einem Handsender klar.

Je nach verwendetem Steuer-Mode werden Höhen- und Seitenruder auf die entsprechenden Geber der Knüppelaggregate gelegt. Immer wieder erlebe ich, dass Piloten die schon längere Zeit Modelle mit Seiten- und Querruder fliegen, bei nur Seitenruder-gesteuerten Modellen diese Funktion auf dem Seitenruder-Geber belassen. Ich empfehle jedoch, immer die Haupt-Richtungsfunktion auf den selben Geber zu legen. Für die Störklappen-Funktion – da gibt es für mich keine Alternative – wird als Geber am Sender der Drosselhebel verwendet. Nur so ist feinfühliges Dosieren der Klappenausschläge, wie sie im Landeanflug eventuell notwendig sind, möglich.

Kanäle: Die R.E.S.-Modelle werden lediglich über Höhe und Seite sowie Störklappen gesteuert. Theoretisch genügen also drei Kanäle. Dies trifft auf jeden Fall zu, wenn das Modell nur eine Störklappe in der Tragfläche hat. Besser sind natürlich (mindestens) vier Steuerkanäle, um auch Modelle mit zwei Störklappen, bzw. zwei Störklappenservos, zu bedienen.

AFR: Hat der Sender die Möglichkeit, die End-Ausschläge der Servos einzustellen, ist das sehr hilfreich, da in vielen Fällen eine Justierung der Steuergestänge nicht oder nur schwierig möglich ist.

Dual Rate: Dual Rate unterstützt beim Einfliegen, bis man die optimalen Steuerwege gefunden hat. So kann man für den Erstflug zwei verschiedene Ausschlaggrößen einstellen und gegebenenfalls umschalten, wenn man korrigieren muss. Weiter kann man Dual Rate einsetzen, um für den ruhigen Thermikflug den Ausschlag zu verringern. So bleibt das aktuelle Thermikkreisen möglichst ungestört, da keine großen Höhenverluste entstehen.

V-Mischer: Dieser ist notwendig, wenn das Modell ein V-Leitwerk besitzt. Gute V-Leitwerk-Mischer haben die Möglichkeit, jede Klappe für jede Richtung und jede Funktion getrennt einzustellen. Das sind dann acht Werte, die man verändern kann. So ist eine sehr feinfühlige und effektive Mischung des V-Leitwerks möglich. Selbstverständlich kann man ein V-Leitwerk auch über einen freien Mischer einstellen.

Mischer 1: Sinnvoll und hilfreich ist er bei Modellen, die über zwei Störklappen verfügen. Sicher ist es möglich, die beiden Störklappen über ein V-Kabel aus einer Funktion heraus anzusteuern. Dies setzt aber voraus, dass die beiden Störklappen-Servos „parallel" eingebaut sind, das heißt, beide Hebelarme zeigen nach rechts oder nach links. Nur dann laufen sie auch gleichsinnig. Dies ist baulich noch leicht zu bewältigen. Schwieriger wird es oft sein, gerade bei den Störklappen die End-Ausschläge und Steuer-Wege mechanisch exakt einzustellen. Viel zu eng geht es meist in den dünnen Tragflächen zu. So ist es wesentlich einfacher, beide Störklappen über getrennte Kanäle anzusteuern. Für jede Klappe kann der Weg am Sender getrennt eingestellt werden und die Klappen werden über einen freien Mischer auf eine Funktion gelegt.

Mischer 2: Die meisten Modelle reagieren bei einem Ausschlag der Störklappen durch eine mehr oder weniger starke Reaktion um die Querachse. Ein weiterer Mischer kann also dazu eingesetzt werden, beim Störklappen-Ausschlag das Höhenruder entsprechend mitzunehmen. Ich stelle meine Modelle immer so ein, dass sie mit dem Störklappen-Ausschlag ein klein wenig auf Tiefe gehen. Ich sorge damit dafür, dass das Modell im Landeanflug von alleine Fahrt behält. Das ist in diesem Moment das Wichtigste. Überfahrt oder eine zu stark nach unten geneigte Flugbahn lässt sich durch Ziehen am Höhenruder leichter abfangen, als ein Aufbäumen des Segelflugmodells durch Drücken des Höhenruders zu kompensieren. Im letzteren Fall geht immer Fahrt verloren, da man gar nicht schnell genug reagieren kann.

Alles weitere, was ein Sender an Software-Funktionen zur Verfügung stellen kann, wäre absoluter Luxus. Außer vielleicht die Telemetrie. Eine Warnung, bevor der manchmal doch recht kleine Empfänger-Akku leer wird, kann

Handsender sind für's R.E.S.-Fliegen ideal. Selbstverständlich geht es auch mit einem Pult-Sender.

▶ Die beengten Platzverhältnisse in den Rümpfen verlangen nach baukleinen Empfängern.

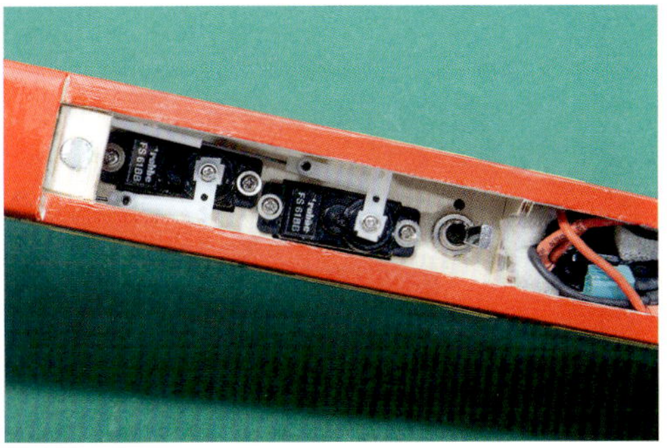

Servoeinbau im PURES

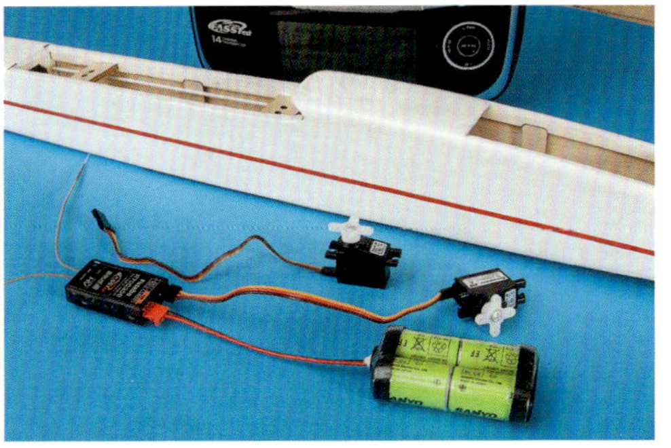

Vor dem Einbau der Servos sollten sie mit dem Sender oder einem Servotester in Null-Stellung gebracht werden.

durchaus das Modell, in dem doch sehr viel Bauaufwand steckt, vor einem Absturz bewahren. Weitere Telemetrie-Informationen sind im Wettbewerb verboten. Aber außerhalb des Wettbewerbs kann es durchaus Spaß machen oder sogar lehrreich sein, mit einem Vario zu fliegen. Viele Hersteller von Fernsteueranlagen bieten kleine Varios an, die auch in ein R.E.S.-Modell passen.

Empfänger

Zu den Empfängern gibt es nicht viel zu sagen. Sie sollten klein und leicht sein und natürlich in das Modell hinein passen. Je nachdem, ob das R.E.S.-Modell über eine oder zwei Störklappen verfügt, werden am Empfänger entsprechend drei oder vier Kanäle benötigt.

Servos

Klar, Servos sollen klein, leicht, stark und schnell sein. Aber noch etwas ist wichtig: eine gute Rückstellgenauigkeit. Auch bei den kleinen Seglern wird man Schwächen in diesem Kriterium deutlich merken. Letztlich ist es die Summe aller Kleinigkeiten, die ein Modell gut fliegen und steuern lassen, oder eben nicht.

Bei einigen der R.E.S.-Modelle liegt nur ein Servo-Brettchen mit einem vorgegebenen Aus-

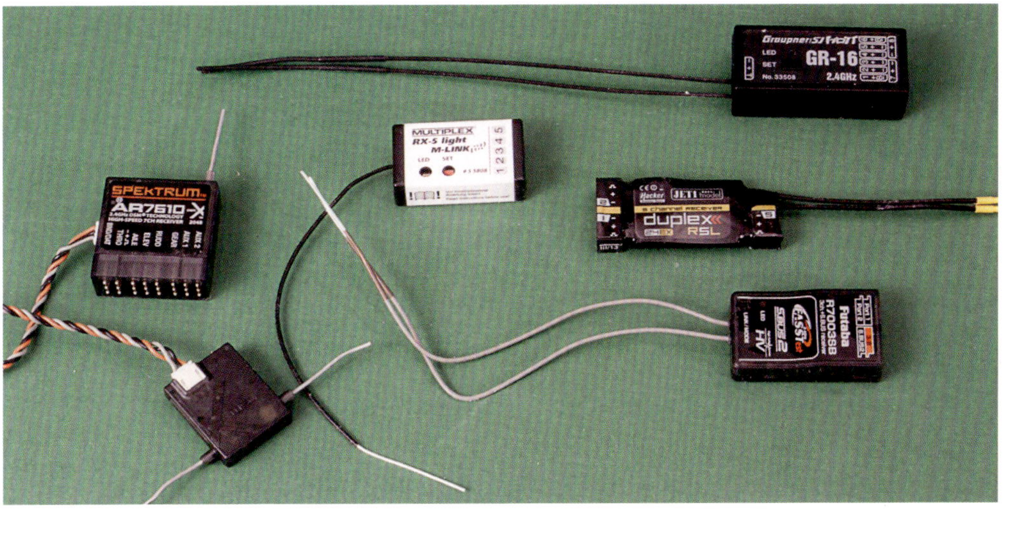

Von Links: Graupner C 261, Graupner DES 427 BB, Graupner DES 476, Hitec HS-5070MH , Multiplex Nano-S, Rockamp DS-110, robbe/Futaba S 3114 und robbe FS 31

schnitt für das Servo bei. Dann sollte man vor dem Einbau des Brettchens unbedingt prüfen, ob das geplante Servo hineinpasst. Vor dem Einbau lässt sich der Servo-Ausschnitt noch einfach vergrößern, oder falls notwendig ein neues Servo-Brettchen anfertigen.

Die Vielfalt der am Markt angebotenen Servos ist sehr groß. Geeignete Servos für Seiten- und Höhenruder wiegen um 10 g und haben bei 4,8 V eine Stellkraft um 10 bis 20 Ncm. Auf jeden Fall sind Kunststoffgetriebe solchen aus Metall vorzuziehen. Ob es sich jedoch um ein

Es rentiert sehr, darauf zu achten, dass die Anlenkungen der Ruder spielfrei aber steif sind, so dass die Ruder nicht weich sind und in die Null-Lage zurückkehren. Also Bowdenzüge mehrfach oder sogar auf ganzer Länge festkleben.

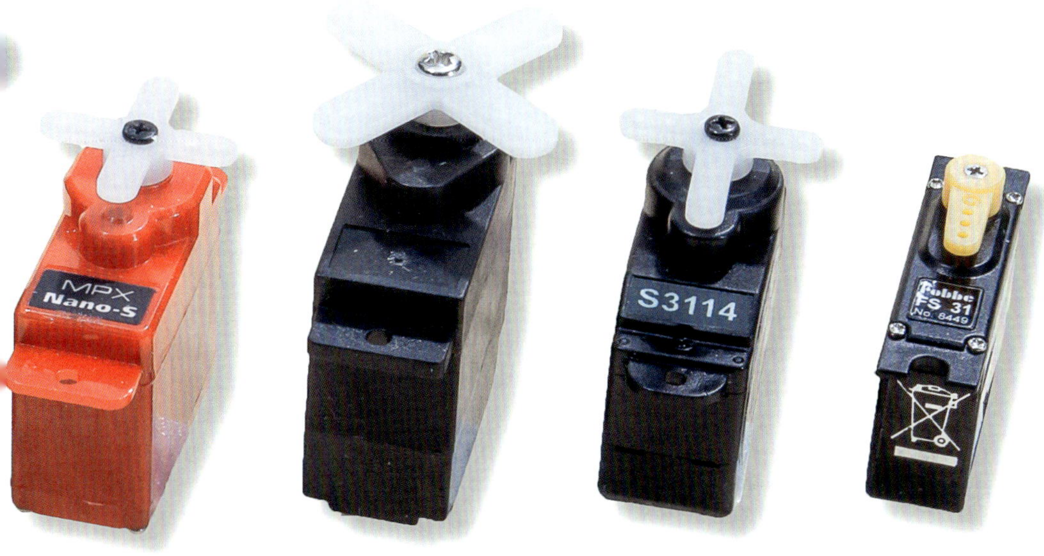

Analog- oder Digital-Servo handelt, ist meines Erachtens Geschmackssache.

Die Servos für die Störklappen können durchaus etwas kleiner sein. Bei geringerer Breite passen Sie auch besser in die dünnen Tragflächen. Die Servo-Gewichte liegen in diesem Falle zwischen 5 und 10 g, die Stellkraft im Bereich um 10 Ncm. Ausnahmen bestätigen die Regel: besonders große Störklappen erfordern stärkere Servos; dies ist dann in der jeweiligen Bauanleitung entsprechend erwähnt.

Im Rumpf werden die Servos in der Regel über ihre Löcher im Befestigungsflansch am Servobrett festgeschraubt. Die meist dem

Die Tabelle zeigt beispielhaft die Daten einer kleinen Auswahl an möglichen Servos.

Marke	Bezeichnung	Breite mm	Länge mm	Höhe über alles mm	Gewicht g	Stell-kraft**) Ncm*)	Betriebs-spannung (Nenn-) V*)	UVP Stand Sep. 2014
Graupner	C 261	11,1	21,6	28,2	9	14	4,8…6	22,95 €
Graupner	DES 427 BB	9,1	23,1	33	9	19	4,8…6	22,99 €
Graupner	DES 476	11,5	23,6	30,8	10	18	4,8…6	28,95 €
Hitec	HS-5070MH	11,6	23,6	34,4	13	31***)	6,0…7,4	33,90 €
Multiplex	Nano-S	11,5	22,6	28	9	11	4,8…6	18,90 €
Pichler	S 708 *)	8	19	k.A.	4,3	7	k.A.	9,95 €
Rockamp	DS-110	12,2	23,2	32	13	25	4,8…6	8,02 €
robbe/Futaba	S 3114	11,2	21,9	28,4	8	15	4,8…6	21,90 €
robbe	FS 31	8,1	22	21,9	5	9	4,8…7,4	27,00 €

*) Herstellerangaben; **) bei 4,8 V; ***) bei 6 V

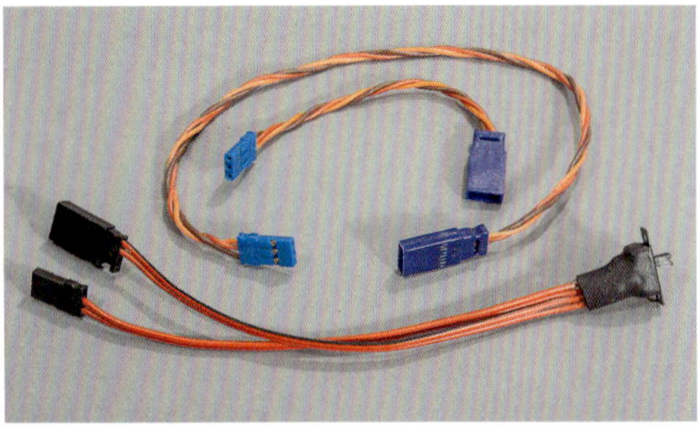

Dünne, und damit leichte, Verlängerungskabel in unterschiedlichen Längen und kleine Schalterkabel gibt es bei Muldenthal (siehe Bezugsquellen).

Servo beiliegende Gummitülle wird nicht verwendet. Störklappen-Servos werden in seltenen Fällen festgeschraubt. Meist sollen sie mit ihrer flachen Seite in die Tragfläche geklebt werden. Mit einem Tropfen Epoxid-Kleber kann man das Servo direkt einkleben. Wenn man möchte, und es der Platz in der Tragfläche hergibt, packt man das Servo erst mit einem – geschrumpften – Schrumpfschlauch ein, bevor man es festklebt. Auf diese Weise lässt sich das Servo später bei Bedarf einfacher entfernen bzw. austauschen. Beim Auswechseln wird dann einfach der Schrumpfschlauch aufgeschnitten, das Servo entfernt und die Schrumpfschlauch-Reste herausgepult.

Stromversorgung

Den Hinweis, nicht an den Komponenten zu sparen, gebe ich insbesondere beim Empfängerakku. Wenn man so will, ist der Empfängerakku das Herz des Flugmodells. Und je kleiner ein Akku ist, desto empfindlicher ist er auch. Im R.E.S.-Modell fließen bei drei oder vier Servos und den in Seglern sowieso geringen Ruderdrücken auch nur relativ kleine Ströme. Akku-Kapazitäten über 1.000 mAh sind eigentlich nicht notwendig. Es sei denn, man benötigt Trimmgewicht. In der Regel reichen Größen um 500 mAh für mehrere Stunden Flugzeit.

Als erstes bieten sich die eneloop-Zellen in der Größe von 800 mAh an. Diese gibt es als Viererblock fertig konfektioniert, sowohl in flacher als auch in Block-Anordnung. Einzelzellen selbst zu löten sollte nur in Ausnahmefällen in Betracht gezogen werden. Eine Ausnahme entsteht dann, wenn die Zellen nur dann ins Modell passen, wenn sie anders angeordnet werden. eneloop-Zellen sind einigermaßen robust und sollten eine längere Haltbarkeit haben. Kontrolle ist gut, deshalb immer wieder einmal kritisch prüfen, ob noch alle Zellen „dabei sind". Von anderen NiMH-Akkus rate ich – insbesondere in dieser kleinen Größe – ab. Zu viele sind mir schon nach kurzer Betriebszeit unvermittelt ausgefallen.

robbe S 3114 können – obwohl nicht so deklariert – direkt aus 4s eneloop, 2s LiFe (im Bild) und 2s LiPo betrieben werden. Das FS 31 (links) verträgt sowieso den großen Spannungsbereich.

Die Hochvolt-Servos Hitec HS-5070MH können direkt aus 2s LiFe oder 2s LiPo betrieben werden.

Eine weitere Möglichkeit für die Stromversorgung in R.E.S.-Modellen besteht in der Verwendung von LiFe- oder LiPo-Akkus. Bei beiden Arten kommen 2-zellige Blocks zum Einsatz. Die Auswahl von unterschiedlichen Abmessungen und Kapazitäten ist bei LiPo-Akkus ungleich größer als bei den LiFe-Akkus. LiPo-Akkus sollten aus Sicherheitsgründen immer im LiPo-Beutel oder ähnlich sicher (so dass von ihnen kein Brand ausgehen kann) aufbewahrt werden. Das erfordert die Möglichkeit, den Akku einfach aus dem Modell herausnehmen zu können. Deshalb verwende ich die sicheren LiFe-Akkus. Diese belasse ich immer im Modell. LiFe ist bei Seglern immer meine erste Wahl.

Egal ob LiPo oder LiFe, beide haben eine gegenüber den eneloop- oder anderen NiMH-Zellen deutlich höhere Spannung (voll geladen: LiPo 8,4 V und LiFe 7,4 V). Die meisten Empfänger der 2,4-GHz-Generation verkraften diese Spannungen (bitte unbedingt die technischen Daten des Empfängers lesen). Geeignete Servos – HV-Servos – in der geforderten kleinen Größe für die höheren Spannungen zu finden ist nicht so einfach. Solche, die für Spannungen bis 6 V angegeben sind, findet man in größerer Zahl. Lediglich von robbe-, bzw. robbe/Futaba-Servos ist mir bekannt, dass die Typen, die bis 6 V angegeben sind, auch die höheren Spannungen von LiFe- und LiPo-Akkus verkraften. Dies gilt aber nur, wenn man die Servos nicht an ihre Grenzen führt. Beim Einsatz in kleinen Seglern ist man weit von diesen Grenzen entfernt.

Will oder kann man keine hochvolt-festen Servos einsetzen, aber dennoch einen LiPo- oder LiFe-Akku verwenden, bleibt die Möglichkeit, einen kleinen Limiter zwischen Akku und Emp-

Marke	Art	Zellenzahl	Kapazität mAh	Gewicht g	UVP Stand Sep. 2014
Sanyo eneloop	NiMH	4	800	50	16,50 €
Hacker Topfuel	LiFe	2	600	46	13,00 €
Team Orion	LiFe	2	600	45	14,95 €
Team Orion	LiFe	2	300	26	13,40 €
robbe Roxxy	LiPo	2	850	53	7,50 €
robbe Roxxy	LiPo	2	450	33	8,50 €

Die Tabelle zeigt beispielhaft Werte und Gewichte einer Auswahl an geeigneten Empfängerakkus.

Hacker Topfuel LiFe 2s 600 mAh (links oben), Team Orion LiFe 2s 300 mAh (links unten), robbe Roxxy LiPo 2s mit 850 mAh und 450 mAh (rechts unten) sowie eneloop 4s 800 mAh (rechts oben)

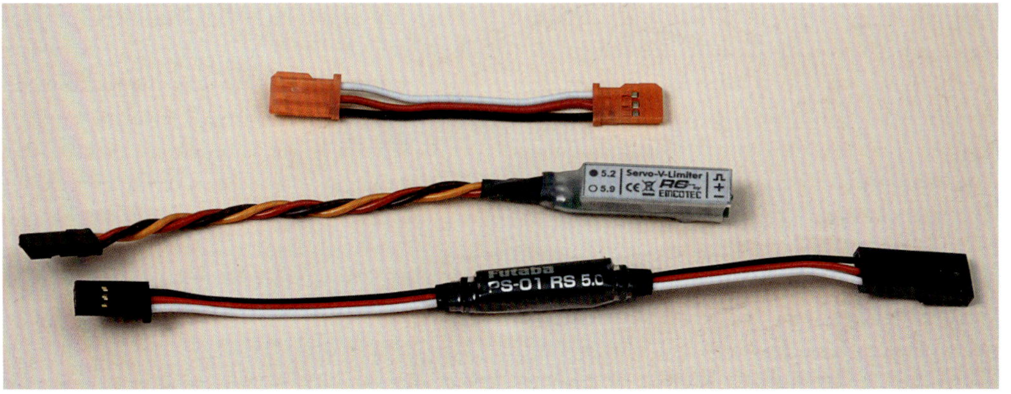

Limiter von robbe (vorne) und emcotec. Da sie nicht für unseren Anwendungsfall gebaut sind, müssen die Stecker umgelötet werden. Ein Patchkabel (oben) kann manchmal helfen, die richtige Verbindung herzustellen.

fänger zu schalten. Diese kleinen Elektronik-Bauteile passen auch noch in ein R.E.S.-Modell und sind bei verschiedenen Anbietern zu haben. In der Regel ist ihr Einsatz zur Schaltung zwischen Empfänger und Servo gedacht. Deshalb passen die Steckverbindungen nicht auf Anhieb und es muss gelötet werden. Da einige dieser Limiter auch im ausgeschalteten Zustand ein klein wenig Strom ziehen, ziehe ich in der Regel den Stecker des Akkus ab, wenn das Modell gelagert wird. Oder noch eleganter: der Limiter wird im Modell zwischen Ein-/Aus-Schalter und Empfänger platziert.

Wenn es der Platz im Modell hergibt, empfiehlt es sich, auch ein Schalterkabel einzubauen. Natürlich kann man auch zwei Stecker ineinander stecken oder den Akku-Stecker direkt in den Empfänger einstecken, um das Modell einzuschalten. Das ist nur etwas umständlich. Leider haben die wenigsten Anbieter von Fernsteueranlagen wirklich kleine Schalter-Kabel im Programm, bzw. die Kabel sind viel zu lang für ein kleines Modell. Ganz abgesehen vom Gewicht. Hier hilft dann leider auch nur das Selbstlöten oder das Schalterkabel von Muldental – das wiegt nur 5 g.

Kapitel 5
Hochstart und Flug

Das Fliegen mit R.E.S.-Modellen hat etwas Ursprüngliches, Direktes. Der bewusste Verzicht auf die Möglichkeit, das Tragflächenprofil zu verwölben, die Abwesenheit von zu- und abschaltbaren Mischern reduziert das Fliegen auf die Beobachtung der Modell-Reaktionen und die Konzentration auf die Nutzung der thermischen Aufwinde. Segelfliegen pur.

Die Modelle haben geringe Gewichte sowie eine kleine Größe, sind relativ langsam und verfügen nicht über einen herausragenden Gleitwinkel. So ist das Fliegen auf den Nahbereich beschränkt. Thermik lässt sich schon in Bodennähe hervorragend auskurbeln. Abwindbereiche bringen das leichte Modell – manchmal erschreckend – schnell wieder nach unten. Kann man

Zum Fliegen gehört Landen. Perfekt. Callistic von Höllein.

dann noch ein Variometer entbehren, ist es die direkteste Art, Thermikfliegen zu erfahren und zu erlernen, mit einfachsten Mitteln große Flugerlebnisse zu haben oder mit wenig Aufwand spannende Wettbewerbe zu fliegen.

Einfliegen und Hochstarthaken

Zum Einfliegen braucht es nicht viel. Das Ziel ist: Schwerpunkt und Ruderausschläge sollen passen, und das Modell soll bei ruhigen Bedingungen geradeaus fliegen. Gemäß Bauanleitung ist der Schwerpunkt eingestellt, eher etwas (5 mm) weiter vorne.

Für die übliche Ermittlung des richtigen Schwerpunktes wird das Modell bei ruhiger Luft zuerst auf einen Gleitflug im Bereich des geringsten Sinkens getrimmt. Nach kurzem Andrücken des Modells in einen etwa 45 Grad Abwärtsflug und anschließendem Zurückführen des Höhenruder-Knüppels in die Neutrallage, soll sich das Modell in einem weiten Bogen abfangen.

Ist der Bogen zu kurz, zu heftig, ist der Schwerpunkt zu weit vorne. Also etwas Gewicht aus der Rumpfspitze entfernen – am besten in kleinen 5-g-Schritten. Fängt sich das Modell gar nicht von alleine ab, muss mehr Gewicht in die Rumpfspitze gepackt werden.

Dann heißt es wieder fliegen und den Abfangbogen beobachten. Der Vorgang wird so lange wiederholt, bis es passt. Bei Pendel-Leitwerken war's das. Bei gedämpften Leitwerken mit Ruderklappe muss das Leitwerk unter Umständen noch so unterlegt werden, dass im Neutralflug Dämpfungsfläche und Ruderklappe in einer Linie stehen. Das bedeutet bei manchen Modellen, das Höhenleitwerk wieder vom Rumpf zu trennen und neu festzukleben. Aber es lohnt sich.

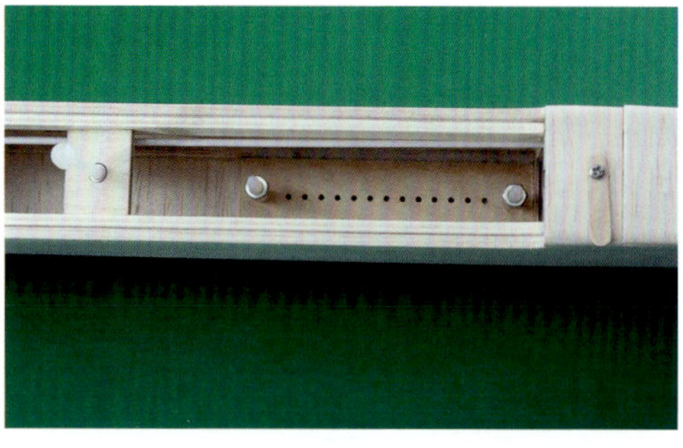

Die zahlreichen Bohrungen in der Leiste ermöglichen viele Positionen für den Hochstarthaken. Die richtige Positionierung sollte man erfliegen.

Jetzt kann mit der Position des Hochstarthakens experimentiert werden. Oft ist er zu weit vorne. Dann geht man schrittweise (5-, besser 3-mm-Schritte) zurück, bis das Modell im Hochstart unruhig um die Hochachse wird. Die Beobachtungen sollte man in jedem Schritt durch eine Mehrzahl an Starts machen. Das kann man so belassen, oder geht wieder eine Position vor, für ruhige, sichere, aber gute Hochstarts.

Fliegt das Modell unruhig oder gar hektisch, neigt es eventuell zu Strömungsabrissen, kann das an zu großen Ruderausschlägen liegen. Abhilfe schaffen eine Reduzierung der Ausschläge oder der Einsatz eines mit zwei Ausschlaggrößen belegten DualRate-Schalters am Sender.

Bleibt noch, der Störklappen-Funktion je nach Modell einen Höhen- oder Tiefenruder-Ausschlag beizumischen, so dass es bei der Betätigung der Störklappe in der Flugbahn bleibt.

Gummiseil-Start

Die häufigste Art, ein R.E.S.-Modell in der Ebene auf Höhe zu bringen, dürfte der Gummi-Seil-Start sein. Für den Wettbewerb ist eine fixe Konstellation vorgeschrieben, die auch für das Fliegen ohne Wettbewerbs-Ambitionen sehr zu empfehlen ist.

Verwendet wird ein Gummiseil bestehend aus 14,7 m Gummischlauch und 100 m Nylon-Seil (Bezugsquelle im Anhang des Buches). Diesem Set liegt ein Seil mit 1 mm Dicke bei. Bei weniger Durchmesser, etwa 0,5 – 0,7 mm, steigt das Modell besser. Für kurze Plätze kann man sich weitere Seile, zum Beispiel mit 50 m Länge, zurechtlegen.

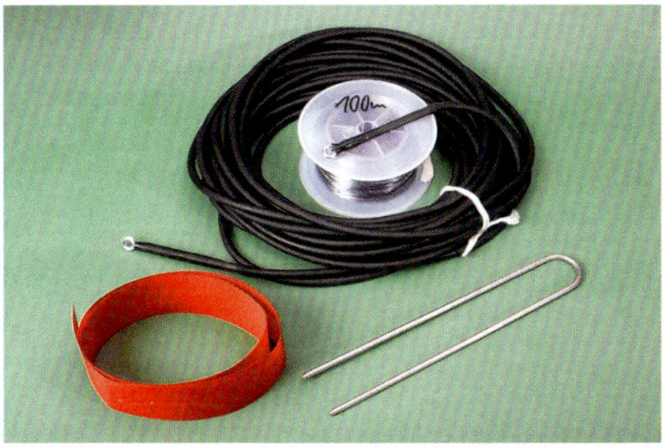

Das R.E.S.-Start-Set gibt es mit Flatterband …

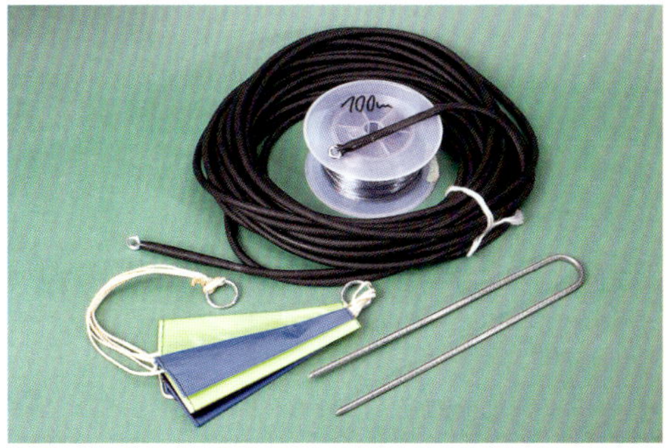

… und mit Fallschirm (Bezug EMC-Vega).

Mit einem leichten Schubs und nach oben gerichteter Rumpfspitze wird das Modell am Gummiseil gestartet.

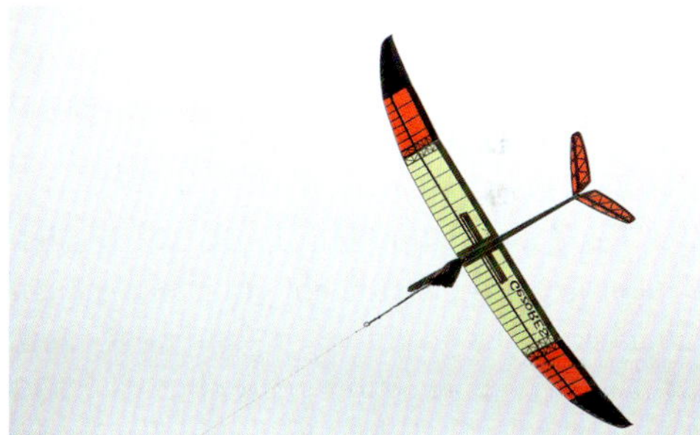

Wenn das Seil in etwa senkrecht steht, kann durch leichtes Drücken ausgeklinkt werden.

Mit entsprechender Übung kann das Modell auch mit kräftigem Schwung nahezu senkrecht nach oben geworfen werden.

Weitere Startarten

Da ist zuerst der Hand-Seil-Schlepp zu nennen. 50 - 100 m Nylon-Seil, auf der einen Seite das Modell, auf der anderen Seite ein Läufer, der gegen den Wind rennt. Geht super und fördert den Teamgeist.

Mit etwas Bastelaufwand lässt sich eine Schleppkupplung in den R.E.S.-Flieger einbauen. Dann sind auch tolle F-Schlepps möglich. Nur die Schleppmaschine darf nicht zu schnell fliegen, sonst war es vielleicht der letzte Flug des R.E.S.-Modells. Schlepper, die ihren Motorstrom aus LiPos mit 3s und etwa 2.000 mAh beziehen, sind absolut ausreichend.

Der Flitschenstart, also ein starker, kurzer Gummischlauch mit ca. 5 m Nylon-Schnur sowie einem Haken nahe der Rumpfspitze, ist nicht zu empfehlen. Die Beschleunigungskräfte sind zu hoch für die filigranen Modelle. Dafür sind sie nicht gebaut.

Ganz easy: Handstart am Hang mit dem RESolution.

Nurflügel ohne Rumpf, wie der up2you, sind nicht immer so einfach zu werfen.

Hangflug und Handstart

„Für den Hangflug hätte ich aber gerne Querruder.“ Klar, aber dafür sind die R.E.S.-Modelle nicht gemacht. Dennoch kann man sie am Hang hervorragend einsetzen. Und zwar dann, wenn relativ wenig Wind geht, aber vielleicht ein wenig Thermik da ist. Dann sind die R.E.S.-Modelle wieder in ihrem Element. Jede Ecke ausfliegen, an diesem Busch noch ein paar Meter mitnehmen, vorsichtig ein paar Meter hinausfliegen, ob nicht doch eine kleine Ablösung kommt. Wenn der Wind etwas auffrischt, wird moderat aufballastiert.

Ein prüfender Blick und ein Rudercheck vor jedem Start reduziert negative Überraschungen. Modell: Pures.

Kapitel 6
Einblick in die Aerodynamik

von Fritz Koch

Wozu Aerodynamik?

Um erfolgreich fliegen zu können, muss man sich mit der Aerodynamik nicht unbedingt beschäftigen. Es soll aber hier der Versuch unternommen werden, einen ganz kleinen Teil von Aerodynamik-Themen zu besprechen und möglichst ohne Formeln auszukommen, denn es gibt ausreichend, sehr gute, weiterführende Literatur. Der Interessierte wird früher oder später darauf zurückkommen, will er seine persönliche Performance verbessern. Und warum sollten wir uns mit Aerodynamik beschäftigen, wo doch der Bauplan, der Baukasten oder das Fertigmodell letztlich alles vorgibt?

Tatsächlich ist es so, dass diese vorgegebenen Auslegungen meist von erprobten Modellen kommen und meist hervorragend funktionieren. Dennoch sollte, wie immer im Leben, nicht alles kritiklos zur Kenntnis genommen werden. Vor allem dann, wenn sich das neue Modell im Vergleichsfliegen oder im Wettbewerb als leistungsschwächer präsentiert. Leider ist die Unterscheidung nicht so einfach, denn es muss schon erwähnt werden, dass der Pilot und auch das Wetter erheblichen Einfluss auf die Flugleistung haben.

Dazu zwei kleine Beispiele. Fliegen gleiche Modelle gemeinsam, wird sich zu etwa 90 % der bessere Pilot durchsetzen, wie statistische Untersuchungen gezeigt haben. Sind jedoch die Tragflächen unterschiedlich profiliert, ist es nicht egal, wie die aktuelle Windstärke ist, denn bei Windstille wird sich das stärker gewölbte Profil besser bewähren. Und da sind wir auch schon bei einem ersten Thema.

Das Tragflächenprofil

Als Profil bezeichnen wir einen fiktiven Schnitt durch die Tragfläche. Auch dem Einsteiger in den Modellsport wird schon aufgefallen sein, dass das Tragflächenprofil an der Oberseite gewölbt ist, an der Unterseite etwas weniger bis gar nicht.

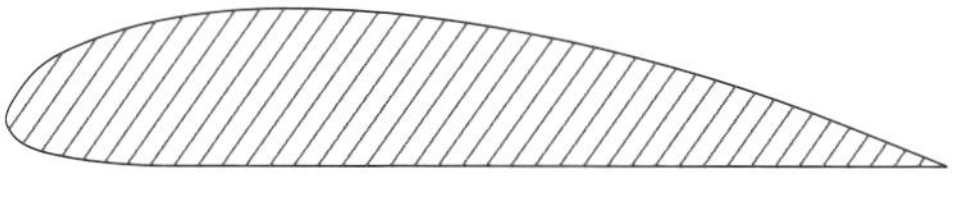

Die Kontur des Profils ist eine Zusammensetzung einer gewölbten Mittellinie (Skelettlinie) und eines darum angeordneten Profiltropfens. Wer will, kann das leicht nachvollziehen. Dazu entnimmt man aus dem Bauplan die Profilzeichnung, oder dem Baukasten eine Rippe, und überträgt sie auf ein Blatt Papier. Wenn jetzt mit einem Maßstab die Mitte zwischen Ober- und Unterseite etwa jeden Zentimeter markiert wird, erhalten wir eine nach oben gewölbte Linie, außer, das Profil ist symmetrisch. Machen wir genau darunter eine gerade Linie und tragen auf dieser die Abstände der Ober- und Unterseite von der

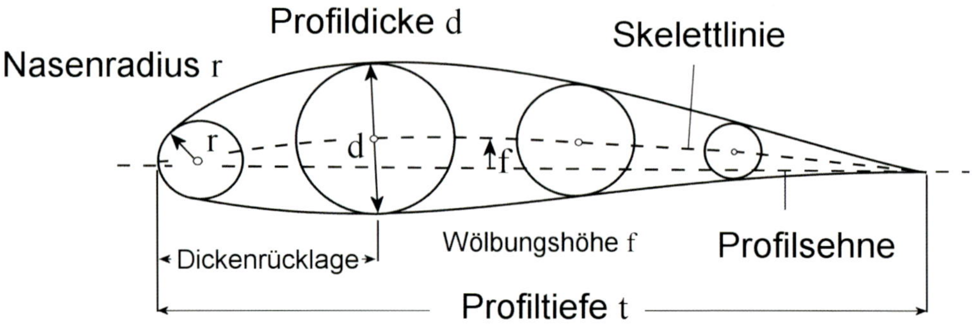

Wölbungsmittellinie nach beiden Seiten auf, entsteht ein symmetrischer Tropfen.

Jetzt ist auch begreiflich, was unter Profilwölbung zu verstehen ist. Diese Wölbung beträgt an der höchsten Stelle meist 2 - 6 % der Profiltiefe, messen wir jetzt noch den Profiltropfen werden wir etwa 8 - 12 % ermitteln.

Die Re-Zahl

Re einfach deshalb, weil der Physiker Reynolds das Ähnlichkeitsgesetz zum Vergleich von Körpern verschiedener Form und Abmessung in Strömungen gefunden hat. Re = Geschwindigkeit x Profiltiefe x Luftdichte / Luftzähigkeit. Das klingt sperrig und unpraktisch, erfreulicherweise gibt es eine Vereinfachung, da wir nicht in großen Höhen fliegen. So können wir Luftdichte / Luftzähigkeit durch die Zahl „70“ ersetzen und können vereinfacht schreiben: Re = Geschwindigkeit (in m/s) x Profiltiefe (in mm) x 70 oder kurz Re = v t 70.

Wozu können wir diese Kennzahl nun verwenden? Um es ungenau zu formulieren, haben Profile geringer Tiefe einen hohen Widerstand und verschlechtern dadurch die Flugleistung. Das heißt für uns, bei der Modellauswahl darauf zu achten, dass vor allem der Außenflügel nicht zu schmal wird. Gerade bei kleinen Modellen ist diese Gefahr groß, wenn vom Konstrukteur nicht richtig darauf geachtet wurde. Denn dann besteht im Langsamflug, z.B. kurz vor der Landung, die Gefahr des Strömungsabrisses.

Auftrieb und Widerstand

Diese sind absolute Größen, die meist in „kg“ angegeben werden und sich immer auf ein konkretes Beispiel beziehen, bei uns eben auf ein Flugmodell. Um Vergleiche anstellen zu können, werden aber auch hier Beiwerte verwendet, die mit „ca“ für den Auftrieb und mit „cw“ für den Widerstand beschrieben werden. Auftrieb schafft in erster Linie die Tragfläche und da maßgeblich das Profil, aber auch der Tragflächengrundriß ist wichtig.

Der für uns schädliche Widerstand setzt sich aus mehreren Komponenten zusammen, die wichtigsten davon sind die Widerstände von Rumpf und Leitwerk, Profil und Randbogen, diverse Interferenzen und Sonstiges z.B. Anlenkungen, Schalter, Antennen usw.

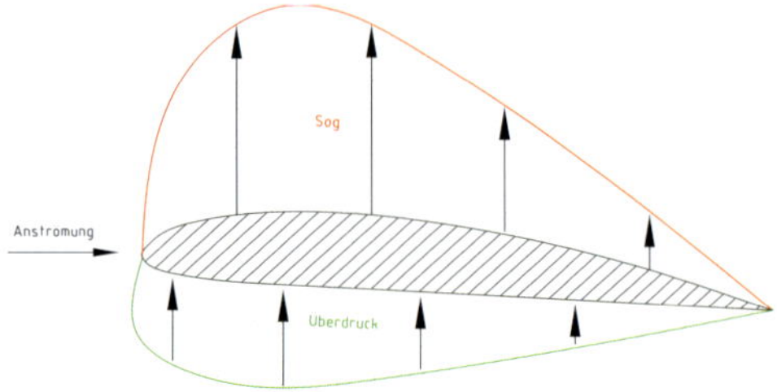

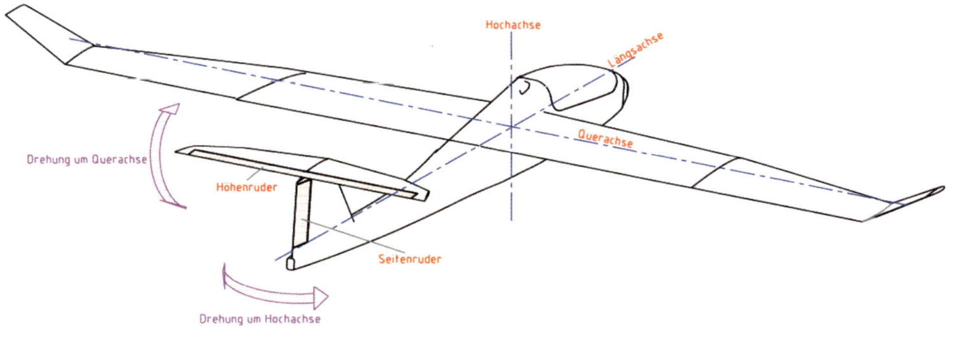

Der Quotient von Widerstand/Auftrieb bzw. cw/ca ergibt die Gleitzahl Epsilon. Bei manntragenden Seglern ist das schon über 1:60, wir können bei kleinen Modellen mit 1:20 auch schon zufrieden sein, die Begründung des Unterschiedes liegt wieder bei der Re-Zahl.

Gleit-und Sinkgeschwindigkeit

Haben wir von unserem Profil über die Polare ein erfliegbares ca, kann leicht die zugehörige Gleitgeschwindigkeit berechnet werden, die im Wesentlichen eben vom ca und der Flächenbelastung G/F abhängt. Da aber nicht nur Sturzflüge ausgeführt werden, geht bei der Sinkgeschwindigkeit auch noch der cw-Wert in die Rechnung ein. Letztlich bestätigt uns der Quotient aus Sink- und Gleitgeschwindigkeit wieder unsere Gleitzahl.

Flugstabilität

Da wir uns mit unseren Modellen im dreidimensionalen Raum bewegen, haben wir auch drei Drehachsen, um die wir unser Modell stabilisieren müssen. Bauen wir keine Eigenkonstruktion, sind die erforderlichen Flächengrößen und Hebelarme schon vorgegeben.

Die wichtigste Stabilität ist die um die Querachse, heißt aber Längsstabilität und bedeutet beim Normalmodell (Höhen- und Seitenleitwerk auf einem Leitwerksträger/Rumpf) eine erforderliche Größe und Abstand des Höhenleitwerkes zum Auftriebsmittelpunkt. Was das jetzt bedeutet, sei an einem kleinen Beispiel erläutert. Ich bekam von einem Freund ein Segelflugmodell mit dem Hinweis, dass es unfliegbar sei. Dieses Modell eines namhaften Herstellers unterschnitt ständig und war tatsächlich kaum in der Luft zu halten. Nach einer kurzen Nachrechnung wurde das Höhenleitwerk vergrößert, ab da flog es lammfromm und ohne Unarten.

Ähnliches kann einem bei der Richtungsstabilität, der Bewegung um die Hochachse passieren. Werden nämlich Modelle vorwiegend in der Ebene und bei wenig Wind geflogen, ist oft das Seitenruder zu klein dimensioniert, um bei mehr Wind, oder in den Bergen zu fliegen. Mehr Ausschlag oder eine Rudervergrößerung wirken oft Wunder.

Bleibt noch die Querstabilität mit Bewegung um die Längsachse. Die meisten Modelle, wenn sie nicht gerade reinrassige Kunstflugmodelle sind, haben eine V-Form der Tragfläche. Ohne näher darauf einzugehen bewirkt aber die V-Form ein aufrichtendes Moment, z.B. nach einer Böe oder dem Kurvenflug.

Diese Stabilitäten beeinflussen sich auch gegenseitig und hängen auch stark mit Schwerpunkt und EWD zusammen.

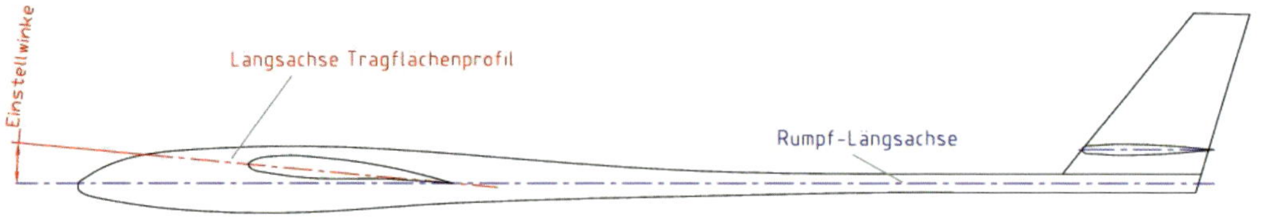

Die Einstellwinkeldifferenz (EWD)

Die unbedingte Notwendigkeit eines Differenzwinkels zwischen Tragflächenprofil und Leitwerk müssen wir zur Kenntnis nehmen, wollen wir uns nicht mit komplizierten Formeln und Erklärungen beschäftigen. Deshalb sollen nur grobe Anhaltspunkte vermittelt werden.

Der Winkel wird zwischen den Sehnen der Profile gemessen, Sehne bedeutet, zwischen Vorderkante Nasenleiste bis Hinterkante Endleiste. Bei „schnelleren" Profilen wird eine Einstellwinkeldifferenz von etwa 1° - 2° ausreichen, bei gewölbten Thermikprofilen kann das auch bis 5° gehen. Leider gilt auch hier die Einschränkung, dass Einflüsse der Profile, der Flächenform, der Schränkung, des Schwerpunktes und einigem Anderem diese Werte verändern können, so dass sorgfältiges Einfliegen immer ein guter Rat ist.

Schwerpunkt

Unmittelbar mit der EWD ist der Schwerpunkt verbunden. Schwerpunkt ist ein geläufiger Ausdruck, der sich eigentlich nur auf das Gewicht des Modells bezieht, der aber mit dem Auftriebsmittelpunkt, dem Druckpunkt und dem Neutralpunkt zusammenhängt. Hat man eine Profilpolare zur Verfügung, kann die richtige Schwerpunktlage gerechnet werden, doch ist auch sie von vielen Faktoren, wie z.B. der gewünschten Gleitflugeinstellung, dem Profil und der Flächengeometrie abhängig. Bei einer ungepfeilten Tragfläche liegt der „Schwerpunkt" etwa zwischen 25 % bis 35 % hinter der Nasenleiste.

Kapitel 7
Warum nicht mal Wettbewerb?

Wie wäre es denn einmal mit einem Wettbewerb? Wenn man denn schon ein passendes Modell hat, könnte man ja – versuchsweise – an einer der Veranstaltungen teilnehmen. Mit genauso viel Spaß, wie man beim Fliegen mit den R.E.S.-Modellen hat, werden auch die Wettbewerbe durchgeführt. Selbstverständlich wird am Ende ein Sieger gekürt. Doch getreu dem Motto „keep it simple" geht es in erster Linie darum, in lockerer Atmosphäre ein tolles Miteinander zu erleben. R.E.S. ist auch sehr gut geeignet für diejenigen, die zum ersten Mal im Modellflug Wettbewerbs-Luft schnuppern möchten.

Eine Hochburg in Sachen R.E.S.- Wettbewerben ist in Bayern entstanden. Aber auch andernorts gibt es solche Veranstaltungen. Und es werden immer mehr. Auch auf Vereinsebene bietet sich diese Form des Wettbewerbs ideal

Foto: Josef Gergetz

Die Teilnehmer des R.E.S.-Wettbewerbs 2014 in Dachau.

Einer fliegt schon, drei warten auf den richtigen Start-Zeitpunkt.

Foto: Josef Gergetz

An der Startlinie.

Foto: Josef Gergetz

Volle Konzentration ist auch bei der Landung gefordert.

an. Aufwand und Kosten sind übersichtlich. Mitfliegen kann nahezu jeder Modellflieger in jeder Könnensstufe, der nicht mehr auf einen Fluglehrer angewiesen ist.

Die Wettbewerbsregeln (eine Version ist im Anhang dieses Buches abgedruckt) wirken auf den ersten Blick etwas kompliziert, sind es aber am Ende nicht. Die Kurzform heißt: in einer Rahmenzeit von 9 min ist ein Flug von 6 min mit anschließender Ziellandung auf einem Punkt zu absolvieren. Die Tatsache, dass gruppenbezogen geflogen wird, eröffnet ein weites Feld an taktischen Möglichkeiten. Da die Rahmenzeit länger als die Flugzeit ist, hat man 3 min Zeit, seinen Start zu machen. Startet man sofort, hat man die größte Chance auf einen rechtzeitigen Nachstart. Man kann Modellen anderer Piloten direkt nachfliegen. Das ist interessant, wenn man einen sehr guten Piloten in der Gruppe hat. Man kann aber auch mit dem Start warten und erst einmal prüfen, ob andere thermischen Aufwind finden – oder eben nicht, um dann etwas später gezielt an die richtige Stelle zu fliegen. Ein guter Helfer ist permanent über die Maßnehmen der anderen Piloten, bzw. Modelle informiert. Die Feinheiten der möglichen Taktiken in der gruppenbezogenen Wertung mit Rahmenzeit sind sehr vielfältig. Es ist auch ein weites Feld, um sich mit seinen Kameraden darüber auszutauschen.

Gruppenbezogen heißt, dass jeweils mehrere Piloten gleichzeitig, bzw. innerhalb der Rahmenzeit der Gruppe starten; der beste in dieser Gruppe erhält 1.000 Promille-Punkte und die Punkte der anderen Piloten werden daran prozentual errechnet. Gegenüber einem Wettbewerb mit Einzelstarts, also einer nach dem anderen, wird auf diese Weise das Wetterglück weitestgehend ausgeschaltet. Alle Piloten in einer Gruppe fliegen bei den gleichen, momentanen Wetterbedingungen. So kann es sein, dass am frühen Morgen Zeiten bei zwei bis drei Minuten geflogen werden, am Mittag aber volle sechs Minuten. In beiden Fällen erhält der Beste in der jeweiligen Gruppe 1.000 Punkte.

Die Gruppengröße bestimmt sich nach Anzahl der Teilnehmer insgesamt, dem zur

Programm und Anleitung:
www.christian-karbacher.de/wettbewerbe.htm

Foto: Josef Gergetz

Ein schönes Bild, wenn mehrere Modelle im selben Aufwind fliegen.

Foto: Ingrid Wallner

Kurz vor dem Start der Rahmenzeit für eine Gruppe am Hang.

Foto: Ingrid Wallner

Beobachten und taktieren ist bei schwachem Wind auch am Hang wichtig.

Foto: Ingrid Wallner

Drei haben ihren Flug bereits beendet, einer fliegt noch und holt sich sicher den 1.000er.

Verfügung stehenden Gelände und den zur Verfügung stehenden Helfern. Schon mit drei Piloten je Gruppe macht das Sinn, besser ist, wenn fünf oder sechs Piloten in der Gruppe gleichzeitig fliegen. Nach jedem Durchgang werden die Gruppen neu gemischt, so dass nach Möglichkeit am Ende des Tages wenigstens einmal Jeder gegen Jeden geflogen ist.

Für die Gruppenzusammenstellungen und die Auswertung des Wettbewerbes steht ein hervorragendes PC-Programm im Internet, welches als kostenlose Freeware zu beziehen ist. Vielen Dank an den Autor Christian Karbacher.

R.E.S.-Wettbewerb am Hang

Versuchsweise und aus purer Neugier haben wir im Großarltal einen R.E.S.-Wettbewerb am Hang geflogen. Es bestand dort die Möglichkeit, dass jeder Pilot mit zwei Modellen starten durfte. So kamen acht Piloten und zwölf Modelle zusammen. Vorweg, es hat riesig Spaß gemacht. Wir hatten aber auch Glück, dass an diesem Tag der Wind sehr schwach war. Bei sehr starkem Wind wäre – zumindest an diesem Hang – das Landen zum Glücksspiel für das Überleben des Modells geworden. Andererseits eröffnen sich am Hang weitere Möglichkeiten

für die Taktik. Es entfällt das Zurückholen des Gummiseils, die Landung für weitere Flugversuche innerhalb der Rahmenzeit kann unter Umständen sehr kurzfristig direkt vor den Füßen erfolgen. Das Modell kann sofort wieder gestartet werden. Für das Fliegen am Hang sind die Ansprüche an die Größe des Flugfeldes deutlich geringer, da ja die Fläche für das Auslegen mehrerer Gummiseile entfällt.
Mein Fazit: absolut empfehlenswert.

Foto: Ingrid Wallner

Bei Wind können Nurflügel wie der Ares ihre Vorteile am Hang besser einbringen. Vorne Gentle Lady.

Foto: Ingrid Wallner

Die Teilnehmer des Hang-Events im Großarltal 2014.

Kapitel 8
Ausblick

Neue R.E.S.-Modelle werden von bisherigen und anderen Herstellern angeboten. Wettbewerbe in der Klasse nehmen zu. Das Interesse wird steigen. Dessen bin ich mir sicher.

Auch Modelle in Fertigbauweise (ARF) wird es bald geben. Doch halt, eins gibt es schon: der gute alte Amigo. Graupner bietet unter der Version Amigo IV dieses Modell bereits in Fertigbauweise an. Es passt aufgrund Größe und Bauweise in die R.E.S.-Klasse. Leider ist es im Vergleich zu den modernen Konstruktionen mit seinen um oder über 1000 g Fluggewicht viel zu schwer. Man kann es ihm aber nachsehen, die Konstruktion des Amigos liegt bereits über ein halbes Jahrhundert zurück.

Als „Urvater" der R.E.S.-Modelle könnte man den Amigo von Graupner bezeichnen. Er ist in der Version IV als ARF-Modell erhältlich.

Viele der Hersteller von R.E.S.-Modellen bieten bereits jetzt Varianten zum Einbau eines E-Antriebes an. Auch eine Alternative für diejenigen, die gerne selbst bauen und den Spaß am genüsslichen Fliegen haben. Ich persönlich finde, es passt nicht so ganz wirklich zusammen.

Und last, but not least, geht R.E.S. auch in anderen Bauweisen – zum Beispiel mit GFK-Rumpf – und mit größeren Spannweiten.

Ob klein oder groß, ob mit oder ohne Motor: R.E.S.-Fliegen in solch einer Kulisse ist grandios. Die Mystique R.E.S. von Horizon hat 2,8 m Spannweite.

Anhang

Wettbewerbsregeln der Klasse F3B-RES Ruder-Elevator-Spoiler

1. Allgemeine Bestimmungen

a) „F3B-RES" ist eine Wettbewerbsklasse für funkferngesteuerte Segelflugmodelle mit maximal zwei (2) m Spannweite in „überwiegender" Holzbauweise. Die Steuerung erfolgt über Seiten- und Höhenruder und Spoiler als Landeklappen (auf der Flügeloberseite mindestens 5 cm vor der Endleiste platziert).
Die Landeklappen können mit einem oder mit zwei Servos angesteuert werden.
Gestartet wird mit einem Gummiseil (RES 100 Set von EMC-Vega, s. Punkt 6).

b) Begriffsbestimmung funkferngesteuertes Segelflugmodell: Ein Flugmodell, welches nicht mit einer Antriebsvorrichtung versehen ist und dessen Auftrieb auf aerodynamischen Kräften beruht, die auf unbeweglich bleibende Flächen wirken. Die Modelle müssen vom Boden durch Funkfernsteuerung vom Wettbewerbsteilnehmer gesteuert werden.

c) Im Wettbewerb werden mindestens vier (4) Vorrunden geflogen. Für jede Vorrunde werden die Teilnehmer in Gruppen aufgeteilt. Die Ergebnisse jeder Gruppe werden auf Promille „normalisiert", um zu vergleichbaren Wertungen der Fluggruppen zu kommen, auch wenn sich die Wetterbedingungen während eines Durchganges ändern. Die vier (4), jedoch maximal acht (8) Teilnehmer mit den höchsten Gesamtwertungen aus den Vorrunden fliegen ein „Fly-off" mit zwei (2) weiteren Durchgängen als Finalrunden in einer Gruppe, zur Bestimmung der Endwertung. Die Gruppengröße im „Fly-Off" entspricht der Gruppengröße der Vorrunden.

d) Der Teilnehmer darf im Wettbewerb maximal zwei (2) Modelle einsetzen, aber nur ein (1) Modell je Durchgang.

e) Der Teilnehmer darf bis zu drei (3) eigene Helfer einsetzen. Diese dürfen ihm das Modell starten und rückholen, ihn beim Fliegen über Wetter, Flug- bzw. Rahmenzeit informieren und die Hochstarteinrichtung betreuen. Mindestens ein Helfer hat ständig dafür zu sorgen, dass die eigene Hochstarteinrichtung andere Teilnehmer bei den Starts nicht behindert. Dies erfordert, dass Gummi und Seil unmittelbar nach dem Ausklinken auf den zugewiesenen Startpunkt zurückgezogen werden. Bei Seitenwind kann der Wettbewerbsleiter bestimmen, dass die dem Wind abgewandten Starter mit dem Start beginnen, damit die Seile nicht übereinander zu liegen kommen.

f) Der Veranstalter sollte offizielle Punktrichter/Zeitnehmer zur Verfügung haben. Ist dies nicht der Fall, stoppen die Helfer der Piloten die Flugzeit, der Veranstalter nimmt aber stichprobenmäßige Überprüfungen der Flugzeiten vor. Abweichungen von mehr als drei (3) Sekunden zu Gunsten des Teilnehmers führen zu einer Nullwertung des Flugs.

g) Die Landepunkte werden nach Möglichkeit immer von einem offiziellen Punktrichter aufgenommen.

2. Modell

2.1 Das Modell besteht im Regelfall aus Flügel, Rumpf und Leitwerk. Nurflügel-Modelle, die nicht über Rumpf und Höhen- oder Seitenleitwerk oder keines dieser Bauteile verfügen, sind ebenfalls zugelassen, wenn sie insgesamt nur über zwei (2) Steuerklappen verfügen. Jede dieser Steuerklappen darf nur von jeweils einem Servo angesteuert werden. Ansonsten gelten die Bauvorschriften für die Leitwerksmodelle sinngemäß. Das Modell ist in „überwiegender" Holzbauweise erstellt. Dies bedeutet:

a) Im Flügel dürfen lediglich für die Holme, Flügelverbinder und Nasenleisten GFK/CFK/Kevlar-Rohre oder GFK/CFK/Kevlar-Profile verwendet werden (ansonsten Holz).

b) Der Heckausleger für das Leitwerk darf aus einem GFK/CFK/Kevlar-Rohr oder -Profil be-

stehen. Das Rohr/Profil darf (von hinten gesehen) maximal bis zur halben Flächentiefe des Flügels reichen.
c) Der Holzrumpf darf zur Festigkeitserhöhung auf der Oberfläche mit GFK/CFK/Kevlar beschichtet sein.
d) Alle Ruderanlenkungsteile sind von der CFK/GFK-Einschränkung ausgenommen.
2.2 Nicht erlaubt ist der Einsatz
a) eines Voll-GFK/CFK/Kevlar- oder sonstigen Kunststoff-Rumpfes (z.B. Expert, EPP etc.),
b) eines in GFK/CFK/Kevlar Schalenbauweise erstellten Flügels oder Leitwerks, auch keine GFK/CFK/Kevlar-D-Box,
c) eines Leitwerks oder Flügels aus GFK/CFK/Kevlar-beplanktem Schaum- oder sonstigem Kunststoff,
d) feststehender oder einziehbarer Vorrichtungen zum Abbremsen des Modells bei der Landung am Boden (z.B. Bolzen, sägezahnähnliche hervorstehende Vorrichtungen usw.). An der Unterseite des Modell darf nichts hervorstehen außer den bis zu zwei Hochstarthaken (Größe: je 5mm breit x 15 mm hoch, von vorne gesehen). Die Hochstarthaken können verstellbar sein, jedoch darf die Verstellung oder das Ausklinken nicht über die Fernsteuerung erfolgen.
e) von Ballast, der sich nicht innen im Modell befindet und an der Zelle sicher befestigt ist.
f) jeder Informationsübertragung vom Flugmodell zum Wettbewerbsteilnehmer, mit Ausnahme der Signalstärke, der Empfängertemperatur und der Spannung der Empfängerbatterie (keine Variometer).
g) von Telekommunikationssystemen auf dem Fluggelände für Wettbewerbsteilnehmern und Helfern (Funkgeräte und Telefone eingeschlossen).

3. Wettbewerbsgelände
a) Der Wettbewerb muss auf einem Gelände stattfinden, das verhältnismäßig eben ist und eine möglichst geringe Chance zu Hangsegelflug oder Wellensegelflug bietet.
b) Das Fluggelände muss eine gekennzeichnete Startlinie haben. Die Startlinie liegt quer zum Wind und muss für jeden Wettbewerbsteilnehmer über eine gekennzeichnete Startstelle verfügen, die wenigstens acht (8) m voneinander entfernt sind. Startlinie und „Befestigungslinie" des Hochstartgummis liegen 150 m auseinander (Ausnahme siehe auch Punkt 6). Die Befestigungspunkte auf der „Befestigungslinie" im Abstand von acht (8) m sind gekennzeichnet.
c) Die markierten Landepunkte sollen mindestens acht (8) m voneinander entfernt sein. Sie liegen mindestens zehn (10) m in Windrichtung von den Startpunkten entfernt.
d) Die Landpunkte und die Startpunkte müssen immer deutlich gekennzeichnet sein. Der Abstand der Rumpfspitze zum Landepunkt wird mit einem Maßband oder einer Messschnur ermittelt.
e) Vom Veranstalter wird cin Landefeld festgelegt. Landungen außerhalb des Landfeldes ergeben keine Wertung.

4. Wettbewerbsflüge
a) Der Wettbewerbsteilnehmer hat Anrecht auf wenigstens vier (4) offizielle Flüge.
b) Der Wettbewerbsteilnehmer hat Anrecht auf eine unbeschränkte Anzahl von Versuchen während der Rahmenzeit.
c) Es gilt als offizieller Versuch, wenn das Modell die Hand des Wettbewerbsteilnehmers oder des Helfers unter Gummispannung verlassen hat.
d) Im Falle mehrerer Versuche ist das Ergebnis des letzten Fluges das offizielle Ergebnis.
e) Der Wettbewerbsleiter ist berechtigt, den Wettbewerb zu unterbrechen und die Startstrecke umzubauen, wenn die Windrichtung zu sehr abweicht oder sogar Rückenwind aufkommt. Er kann den Wettbewerb gänzlich abzubrechen, wenn Wind von mehr als neun (9) m/s herrscht.

5. Flugwiederholungen

Der Wettbewerbsteilnehmer hat Anrecht auf eine neue Ausführungszeit wenn:

a) sein Modell während des Hochstarts oder im Flug mit einem anderen fliegenden oder startenden Modell zusammenstößt.

b) er durch über seiner Starteinrichtung liegende andere Starteinrichtung am Start gehindert ist (erster oder Wiederholungsstarts).

c) sein Flug durch ein Ereignis, das außerhalb seiner Kontrolle liegt, behindert oder beendet wurde.

Um seine Flugwiederholung gemäß den oben angegebenen Gründen zu beanspruchen, muss sich der Wettbewerbsteilnehmer davon überzeugen, dass die offiziellen Zeitnehmer bzw. der Wettbewerbsleiter die Behinderung wahrgenommen haben und er muss sein Modell baldmöglichst landen. Setzt der Wettbewerbsteilnehmer seinen Flug nach der Behinderung fort, wird unterstellt, dass er auf sein Recht auf eine neue Durchgangszeit verzichtet.

6. Start

Gestartet wird mit einem Gummiseil bestehend aus 14,7 m Gummischlauch und 100 m Nylon-Seil (RES 100 Set der Fa. EMC Vega).

Auf Fluggeländen, die eine Gesamt-Seillänge von 150 m (im ausgezogenen Zustand) aufgrund ihrer Größe nicht zulassen, kann der Veranstalter eine erforderliche Verkürzung des Nylonseiles und eine im Verhältnis dazu stehende Verkürzung der Flugzeit vornehmen. In der Wettbewerbsausschreibung muss darauf hingewiesen werden.

7. Landung

a) Jedem Wettbewerbsteilnehmer wird vor seinem Wertungsflug ein eigener Landepunkt zugewiesen. Jeder Wettbewerbsteilnehmer ist verantwortlich, dass er/sie stets den richtigen Landepunkt benutzt.

b) Während des Landevorganges ist nur dem Piloten und seinem Helfer erlaubt, sich im Umkreis von 10 m zum Landepunkt aufzuhalten. Weitere Helfer und offizielle Zeitnehmer bleiben an der Startlinie.

c) Nach der Landung dürfen die Piloten innerhalb der Rahmenzeit ihre Modelle einholen, wenn dabei andere Teilnehmer der Gruppe, sowie deren Modelle nicht behindert werden. Die Modelle dürfen vom Teilnehmer oder seinen Helfern nach der Landung, die gewertet werden soll, nicht mehr berührt oder weggenommen werden, bis der offizielle Punktrichter des Veranstalters die Abstandsmessung vorgenommen hat (ansonsten ist die Landewertung Null: siehe Punkt 8.2 f).

d) Stecklandung ist nicht erlaubt. Eine Stecklandung liegt vor, wenn das Rumpfende des Modells nach der Landung nicht auf dem Boden aufliegt.

8. Bewertung der Flugleistung und der Landung

8.1 Bewertung der Flugleistung:

Die Zeitnahme beginnt mit dem Ausklinken des Modells aus der Hochstartleine und endet

a) mit Stillstand des Modells

b) mit dem Ende der Rahmenzeit.

Die Maximalflugzeit beträgt sechs (6) Minuten (360 s) innerhalb von neun (9) Minuten (540 s) Rahmenzeit. Erreicht der Pilot innerhalb der Rahmenzeit mehr als sechs (6) Minuten (360 s), wird die Überzeit von den sechs (6) Minuten (360 s) abgezogen.

Die Flugzeit wird in Sekunden ohne Rundung festgehalten.

Pro Sekunde Flugzeit werden zwei (2) Punkte vergeben.

Es wird in 4er- bis 8er-Gruppen geflogen und die Rohpunkte werden gruppenbezogen auf Promille „normalisiert“.

8.2 Bewertung der Landung:

Gemessen wird der Abstand der Rumpfspitze zum markierten Landepunkt nach Stillstand des Modells. Je nach Abstand werden folgende

Punkte vergeben: bis Abstand Punkte (in m)

0,20	100	1,80	92	9,00	60
0,40	99	2,00	91	10,00	55
0,60	98	3,00	90	11,00	50
0,80	97	4,00	85	12,00	45
1,00	96	5,00	80	13,00	40
1,20	95	6,00	75	14,00	35
1,40	94	7,00	70	15,00	30
1,60	93	8,00	65	>15,00	0

NULL Punkte für die Landung erhält der Teilnehmer, wenn

a) er eine Stecklandung ausführt (Definition s. Punkt 7.d),

b) das Modell bei der Landung Teile verliert oder

c) das Modell nach der Landung nicht mehr flugfähig ist.

d) das Modell am Ende der Rahmenzeit noch nicht gelandet ist

e) das Modell den Piloten oder seinen Helfer berührt

f) das Modell vom Piloten oder seinem Helfer nach der Landung vor der offiziellen Messung berührt oder weggenommen wird.

NULL Punkte für die gesamte Aufgabe (Flug und Landung) werden vergeben, wenn

a) das Modell außerhalb des vom Veranstalter vor Wettbewerbsbeginn festgelegten Landefeldes landet,

b) das Modell 30 Sekunden nach Ablauf der Rahmenzeit noch nicht gelandet ist.

9. Endwertung

Die Endwertung des Wettbewerbs wird durch die Rangfolge der Finalrunden für die Teilnehmer des „Fly-Off“ und für die restlichen Teilnehmer durch die Rangfolge der Vorrunden bestimmt. Kann die Finalrunde nicht geflogen werden, ist die Rangfolge der geflogenen Vorrunden die Endwertung des gesamten Wettbewerbes.

10. Hinweise für die Wettbewerbsausschreibung

Jeder Teilnehmer fliegt auf eigene Gefahr und Haftung, er hat einen gültigen Versicherungsschutz nachzuweisen. Ansprüche gegenüber dem Veranstalter, den Organisatoren sowie den Teilnehmern untereinander sind ausgeschlossen.

Auf die maximal mögliche Gesamtlänge der Hochstarteinrichtung (ist von den jeweiligen Platz-verhältnissen abhängig), ist in der Ausschreibung hinzuweisen.

Bei Kürzung des Seils ist auch die Höchstflugzeit im Verhältnis zu kürzen (s. Punkt 6).

01.05.2014

R. Decker, F3B-Referent

Quelle: **www.modellflug-im-daec.de/leistungssport/segelflug/f3b-res**

Bezugsquellen

RESolution, Libelle evo V2, Callistic
Der Himmlische Höllein
Glender Weg 6
96486 Lautertal
+49 (0) 9561-555 999
shop@hoellein.com
www.hoelleinshop.com

PURES
Josef Gergetz
SETA Modelltechnik
Leobschützer Str. 4
85221 Dachau
+49 (0) 8131 356 2059
josef.gergetz@gmail.com
www.seta-tech.de

GezoRES, GezoRES V
Thomas Schikora
Höhenring 8a
84172 Buch am Erlbach
+49 (0) 176 23785006
thomas@myhangar.de

PicaRES
modellbauchaos.de
Markus Schmidt
Am Kirschenberg 7
35519 Rockenberg
info@modellbauchaos.de
Modellbauchaos.de

Friendlito, BABA-JAGA
Modellbauservice Schuster
Joachim Schuster
Rosenstr. 26
82266 Inning
+49 (0) 8143 959705
webmaster@modellbauservice.com
www.modellbauservice.com

Kamikaze
Atalar Model
Gültekin Kalay
Atalar Cad. Aydın Sok. Dalkılıç Apt. 6/B
34862 Kartal İSTANBUL
+90 (0) 532 325 3767
siparis@atalarmodel.com
www.atalarmodel.com

Ares
Laqua - Modelltechnik
Thomas Laqua
Eichenweg 9
09380 Thalheim
+49 (0) 3721 267995
Laqua-Modelltechnik@arcor.de
www.laqua-modelltechnik.de

up2you
re-design Flugmodelle
Bernhard Hauber
Am Sonnenhang 3
88175 Scheidegg
+49 (0) 8381 9487161
info@re-design-flugmodelle.de
www.re-design-flugmodelle.de

**Hochstart R.E.S.-Set,
Schleifklötze Perma-Grit**
EMC-Vega
Rügenstrasse 74
45665 Recklinghausen
+49 (0) 2361 3703330
mail@emc-vega.de
http://www.emc-vega.de

Japansäge
DICTUM GmbH
Donaustrasse 51
94526 Metten
+49 (0) 991 9109-100
www.mehr-als-werkzeug.de
www.dictum.com
info@dictum.com

Magnete
Webcraft GmbH
Industriepark 206
78244 Gottmadingen
Deutschland
+49 (0) 7731 939 839 1
support@supermagnete.de
www.webcraft.de

Akkus
Der Himmlische Höllein
Glender Weg 6
96486 Lautertal
+49 (0) 9561 555 999
shop@hoellein.com
www.hoelleinshop.com

Limiter
iRC-Electronic GmbH / emcotec
Waldstraße 21
D 86517 Wehringen
+49 (0) 8234 95 98 9 0
shop@rc-electronic.de
www.irc-electronic.com

Verlängerungskabel/Schalterkabel
Muldental Elektronik GmbH
Straße der Deutschen Einheit 8a
04643 Geithain
+49 (0) 34341 40790
christian.juenger@muldental-elektronik.de
www.muldentalelektronik.de